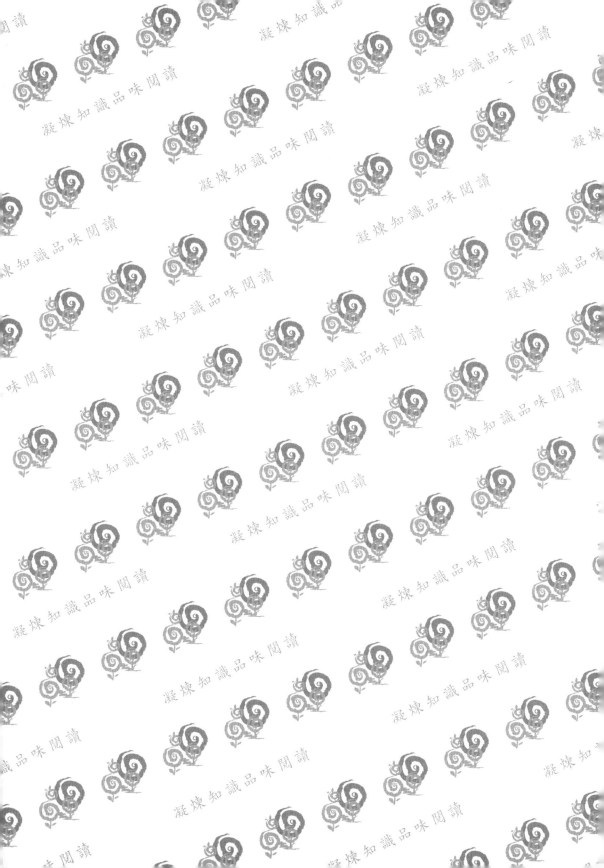

超圖解

KOL／KOC網紅行銷

選對網紅＋優質內容＋促銷優惠 →品牌與銷售效益最大化

戴國良 博士 著

最夯行銷操作！
網紅行銷終極目的→提升品牌力＋增加銷售業績

五南圖書出版公司 印行

作者序言

一、緣起

　　近幾年來，在行銷界大幅崛起KOL／KOC網紅行銷的操作，從一般貼文、短影音、團購到直播導購等模式，都已證明網紅行銷確實能為廠商帶來品牌曝光與銷售業績增加的良好成效。因此，廣受各品牌廠商使用；尤其網紅行銷的成本花費，又遠比電視廣告、數位廣告便宜很多，更成為中小品牌的行銷操作重要工具；而這也使得國內已有為數很多的大網紅、中網紅、小網紅、微網紅等十幾萬人出現，更炒熱了網紅行銷的重要性及必要性。

二、本書特色

　　本書具有以下特色：

1.國內第一本此領域專書：

　　網紅行銷雖然很夯，但環顧國內出版界，卻發現本書是國內第一本有關此領域的專書。

2.搜集大量資料：

　　本書搜集大量線上與線下、理論與實際的資料內容，並加以有系統的分析、歸納、整理，而成為本書。

3.成本／效益數據化分析，第一次首見：

　　本書第6章的「成本／效益數據化分析」內容，是本書作者本人依照過去在企業界工作經驗，加以整理而成，在國內這是首見。

4.行銷人員操作的最佳專書：

　　本書的完整性、實戰性及豐富性，相信是國內行銷人員在操作網紅行銷的最佳參考工具書，可以知道如何避免網紅行銷的操作失敗。

5.超圖解易於閱讀：

　　本書超圖解的表達方式，使本書易於閱讀、吸收及學習。

三、結語：感謝與祝福

　　本書能夠順利出版，感謝五南出版社的諸位主編們的不辭辛勞付出及支援；也很感謝諸多上班族讀者朋友們，以及各大學的老師及同學們的鼓勵及支持，才得以完成此書的撰著。

　　最後，衷心祝福各位讀者朋友們都能夠走上一趟美好的人生旅途與成功的工作職涯旅程，並希望大家都能夠永遠平安、幸福、健康、順利及成功，在您們人生中的每一分鐘旅途中。

　　感謝大家，感恩大家。

作者

戴國良

mail:taikuo@mail.shu.edu.tw

目 錄

Chapter 5 社群平台「短影音行銷」崛起專題分析 **133**

Chapter 6　**KOL／KOC網紅行銷最終的成本／效益數據分析**　**169**

Chapter **1**

KOL／KOC網紅
行銷綜述

一、KOL / KOC行銷是什麼？

（一）所謂KOL的英文是指：

Key Opinion Leader，中文意思是指：關鍵意見領袖，或指在社群網路上有影響力的人；現在則把這些人說成是「網紅」，所以，KOL行銷，就是指「網紅行銷」。

KOL行銷，就是指網路上的網紅或Youtuber，透過在社群平台的露出，以貼文、貼圖、影片、直播等四種方式，呈現出品牌或產品的宣傳、曝光、露出，以吸引其粉絲注目，並達成品牌端客戶的行銷目的；包括：提升品牌力及達成業績力。

（二）所謂KOC的英文是指：

Key Opinion Consumer，中文意思是指關鍵意見消費者。現在則把他（她）們說成是「微網紅」、「奈米網紅」，也就是粉絲數較少，可能只在1,000人～1萬人之間而已。

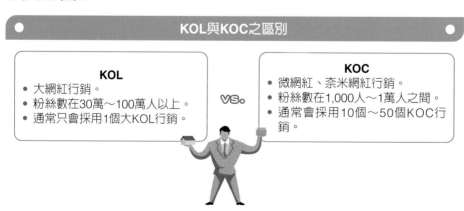

二、KOL / KOC行銷的終極目的、功能

品牌端廠商採用KOL / KOC行銷活動的終極目的、功能，主要有幾點：

（一）提升品牌力：

廠商的第一個目的，就是希望透過這些KOL / KOC的粉絲群對他（她）們的信任感、親和力及互動性，以達成對他（她）們所宣傳品牌或產品的曝光效果，進一步提升廠商的品牌力，這些品牌力，包括：對此品牌的印象度、知名度、好感度及信賴度。

（二）提升業績力：

其次，廠商希望透過促銷活動搭配，提升該品牌在社群媒體上的業績銷售成果。

KOL / KOC網紅行銷的終極2大目的

1. 有效提升品牌力！

＋

2. 有效增加銷售業績！

三、100大網紅的專長領域類型分布百分比

根據國內知名的「AsiaKOL」網紅經紀公司，所整理出來的2024年台灣100大網紅，其專長類型分布百分比如下：

前五大領域
1. 美妝保養：占20%（最多）
2. 家庭母嬰：占14%（第二多）
3. 美食料理：占12%（第三多）
4. 旅遊：占11%（第4多）
5. 遊戲電玩：占7%（第5多）

6. 表演藝術：占6%
7. 趣味搞笑：占6%
8. 帶貨分潤：占6%
9. 運動健身：占5%
10. 寵物：占4%
11. 知識教育：占3%
12. 議題討論：占1%

100大網紅專長領域的前11大類占比

① 美妝保養（20%）	② 家庭母嬰（14%）	③ 美食料理（12%）
④ 旅遊（11%）	⑤ 遊戲電玩（7%）	⑥ 表演藝術（6%）
⑦ 趣味搞笑（6%）	⑧ 帶貨分潤（6%）	⑨ 運動健身（5%）
⑩ 寵物（4%）	⑪ 知識教育（3%）	

四、前三大網紅類型的代表人物

根據AsiaKOL的調查統計，在前三大網紅類型的代表性KOL，分別有：

（一）美妝保養KOL

莫莉、Ines Wang、紀卜心、小吳、Gina等前五名。

（二）家庭母嬰KOL

嘎嫂二伯、葛瑞瑞、蔡桃貴、Yun Chou、那對夫妻等前五名。

（三）美食料理KOL

肥大叔、連環泡有芒果、好味小姐、Joeman、千千等前五名。

五、台灣網紅的社群分布

根據國內知名的KOL Radar4萬人資料庫，顯示如下百分比：

台灣網紅的社群分布

1. 性別比例：
女性 → 占60%
男性 → 占30%
團體及寵物 → 占10%

2. 社群平台比例：
FB → 占60%
IG → 占30%
YT → 占11%
TikTok → 占9%

六、KOC微網紅占比超過50％

根據國內知名的網紅經紀公司iKala（KOL Radar）的資料庫統計，國內的網紅及Youtuber人數，已超過3萬人；其中，粉絲數不到1萬人的微網紅或奈米網紅，其人數占比已超過全部網紅的50%（一半）之多。即，3萬名網紅中，就有1.5萬名是KOC微網紅。

七、網紅行銷的操作策略有四種

從宏觀來看，網紅行銷的操作策略，主要可以區分為四大類，如下：

〈策略1〉KOL＋KOL策略

如果品牌端預算多的時候，可能會採取KOL＋KOL的雙KOL策略，即：找二個超人氣「大網紅」攜手表現，可以顯示出品牌端的豪氣，拉高吸引人注目。

〈策略2〉KOL＋KOC策略

有時候，也可以採取一位「大網紅」＋數十位「微網紅」的混合模式，也可以達成不錯效果。

〈策略3〉KOC策略

第三種策略是當預算不是很多，無法找超級大網紅時，不如找數十個微網紅（KOC），以人海戰術拉高成效。例如：可同時找10、20、30或50個，最多100個KOC，來操作這次的網紅行銷活動，也可以打入更多元化、更多樣化的社群粉絲們。

〈策略4〉KOL策略

第四種策略是只找一位大KOL為代表。

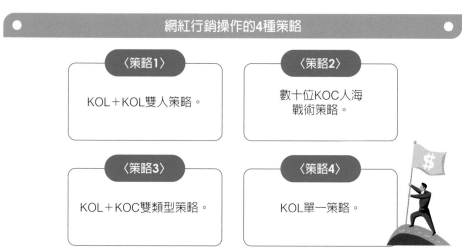

網紅行銷操作的4種策略

〈策略1〉
KOL＋KOL雙人策略。

〈策略2〉
數十位KOC人海戰術策略。

〈策略3〉
KOL＋KOC雙類型策略。

〈策略4〉
KOL單一策略。

八、KOL／KOC行銷的4種呈現方式

品牌端廠商在操作KOL／KOC行銷的呈現方式,主要有四種:

(一)貼文

通常每一則貼文的文字字數不能太多,太多,粉絲就看不下去了;一般而言,每則貼文的字數大約在50字～200字最合宜,文字儘量精簡有力,儘快講出此品牌或此產品的內容重點、特色、訴求點及促銷內容等。

(二)貼圖

貼圖以照片或合成圖為主,圖片裡,最好要有:產品＋KOL／KOC本人＋場景等三種要素。圖片儘量要好看、吸引人看。

(三)短影片

短影片時間也儘量濃縮,一般以每支影片,在1～3分鐘為適宜,影片太長也不行,會使人失去耐心。KOL要用心製作此短影片宣傳此產品。

(四)直播導購

最後一種呈現方式,是直播導購,此主要以銷售為目的,而非品牌力提升。直播導購是較難複製的呈現方式,事前要做很多準備才會成功。

KOL／KOC行銷4種呈現方式

1. 貼文
(文字每則在50～200字之間)

2. 貼圖
(產品＋KOL／KOC本人＋場景)

3. 短影片
(時間在1～3分鐘)

4. 直播導購
(KOL／KOC有銷售分潤可得)

九、較知名大網紅名字

目前，比較知名的大KOL，也經常有做業配的，包括：

（一）蔡阿嘎

（二）嘎嫂二伯

（三）蔡桃貴

（四）千千

（五）古娃娃

（六）谷阿莫

（七）HowHow（HowFun）

（八）Joeman

（九）館長

（十）理科太太

（十一）韓勾ㄟ金針菇

（十二）Rice & Shine

（十三）見習網美小吳

（十四）這群人

（十五）滴妹

（十六）阿滴英文

（十七）反骨男孩

（十八）白痴公主

（十九）葉式特工

（二十）莫莉

（二十一）葛瑞瑞

十、台灣前20大Youtuber

　　Youtuber訂閱人數變化隨著時間會有差別，至2024年6月11日止，台灣前20大Youtuber如下：

十一、電視藝人代言與網紅代言之比較分析

行銷上，有電視藝人代言與網紅代言二種方式，其比較分析如下：

項目 ＼ 方式	1.藝人代言	2.KOL／KOC代言
1.目的／功能	• 增加品牌曝光度、知名度、好感度、信賴度。 • 間接提高業績銷售	（同左）
2.代言費用	• 100萬～1,000萬元之間（較貴）	• 10萬元～100萬元之間（較便宜）
3.呈現媒體	• 以電視廣告呈現為主	• 以FB、IG、YT社群媒體呈現為主
4.素材方式	• TVCF（電視廣告片） • 10秒／20秒／30秒	• 貼文、影片 • 貼圖、直播
5.吸引對象	• 吸引電視為主的中年／老年觀眾群	• 吸引粉絲群為主
6.製作素材所需時間	• TVCF製作完成約需一個月時間（較長時間）	• 2週～1個月時間（較短時間）
7.代言人數	• 通常為單一個藝人	• KOC可能採取10個～100個人同時操作
8.同時運用可能性	• 若行銷預算夠的話，藝人代言及KOL代言，均可能同時採用。	（同左）

十二、網紅經紀公司：對品牌端客戶的網紅行銷提案企劃書大綱項目

目前，在操作網紅行銷上，有不少中大型品牌端客戶仍採取委託外面專業的網紅經紀公司處理，下面大綱項目，是專業公司的提案撰寫內容：

（一）本公司（網紅經紀公司）簡介。

（二）此次網紅行銷的操作策略分析（KOL＋KOC策略並用）。

（三）此次網紅行銷的人選建議分析。

（四）此次素材製作的項目及重點說明。

（五）此次網紅行銷的露出社群平台分析。

（六）預期效益說明。

（七）本次預算費用明細說明。

（八）本次預計時程表。

（九）合約書內容規範說明。

（十）其他說明。

網紅行銷提案企劃書大綱項目

1. 本公司簡介	2. KOL＋KOC 操作策略說明	3. KOL＋KOC 操作人選分析建議
4. 素材製作項目 及重點說明	5. 露出社群平台 分析	6. 預期效益說明
7. 預算費用明細表	8. 預計上線時程表	9. 合約書內容規範

十三、KOC微網紅合作之優點

現在已有愈來愈多與KOC微網紅合作的趨勢，品牌端為何要與KOC合作呢？
主要有3個優點：

（一）微網紅成本效益較高，觸及社群更多元。

（二）品牌端可用預算較少時。

（三）相較於大網紅，微網紅擁有較高互動率、親和力、信任度及黏著度較高。

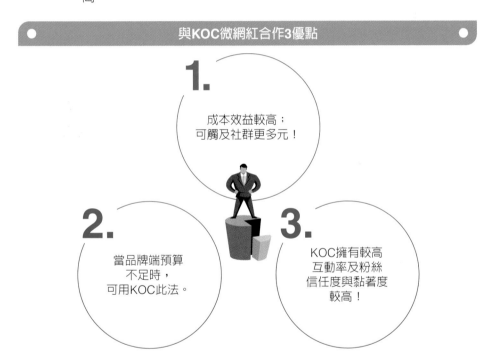

與KOC微網紅合作3優點

1. 成本效益較高；可觸及社群更多元！

2. 當品牌端預算不足時，可用KOC此法。

3. KOC擁有較高互動率及粉絲信任度與黏著度較高！

十四、網紅行銷如何做（How to do）？步驟有哪些？

網紅行銷到底要如何做？其步驟又有哪些？根據實務經驗，主要說明如下：

（一）前期準備：品牌端應思考的事情

1. 先把產品資料準備好

品牌端應先把公司的主力產品資料準備好，以備提供給KOL、KOC參考之用，以使他（她）們對此產品有初步且足夠的了解。

這些資料包括：此產品的功能、效益、特色、規格、使用方法、好處、成分組成、品質、定價、定位……等。

2. 確定此次網紅行銷操作目標 / 目的為何

品牌端也必須先確定此次KOL、KOC行銷操作的主要目的及任務為何。

例如：是想打響新產品剛上市的曝光度及知名度；或是想搭配促銷優惠活動，拉升此波活動的銷售成果；或是想增加粉絲群對我們家產品的品牌信賴度與好感度等。

3. 產品的TA（目標客群）是誰

身為KOL、KOC也必須了解，過去以來，品牌端中該產品銷售的主力對象是誰：是年輕上班族？是女性居多？是輕熟女居多？是中年男性居多？或是高收入熟女群居多？

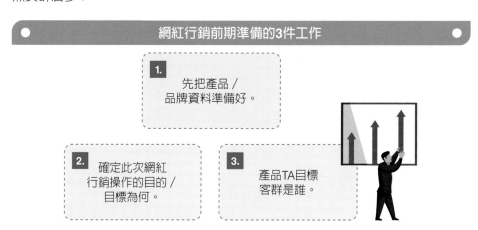

網紅行銷前期準備的3件工作

1. 先把產品 / 品牌資料準備好。

2. 確定此次網紅行銷操作的目的 / 目標為何。

3. 產品TA目標客群是誰。

（二）**KOL、KOC人選規劃**

品牌端與合作的網紅經紀公司人員，雙方必須討論出要採用哪些的KOL或KOC是比較適當且比較會成功的。

此時，必須思考幾點：

1. 此波活動，是採取哪個策略比較好？

   (1) 是採取大網紅（大KOL）策略？

   (2) 或是採取數十個的微網紅（KOC）策略？

   (3) 還是採取KOL＋KOC策略？

2. 確定策略之後，再從網紅經紀公司的資料庫中，挑選出較合適的KOL或KOC人選，供品牌端思考決定。

   針對這些合適的KOL或KOC必須再詳細了解，包括：

   (1) 專長為何？特色為何？個人風格為何？

   (2) 口碑如何？人氣如何？評價如何？知名度如何？

   (3) 粉絲數、訂閱數、追蹤數、互動數、互動率大致如何？

   (4) 過去要求的合作費用大致多少？

   (5) 個人風格、專長及特色，是否與本公司的品牌精神相互一致及契合？

   (6) 粉絲群大抵是哪些樣貌及輪廓？

   (7) 過去為其他品牌廠商合作的成效／效益如何？

針對KOL／KOC適當人選的7項思考／評估點

1. 專長、特色、風格為何？	**2.** 口碑、人氣、評價、知名度如何？	**3.** 粉絲數、訂閱數、互動數、互動率如何？
4. 過去要求的合作費用大致多少？	**5.** 專長及風格是否與公司的產品／品牌一致、契合？	**6.** 粉絲群大抵是哪些樣貌及輪廓？
7. 過去為其他品牌廠商合作的成效／效益如何？		

找到最適合、最契合、最可能有成效的KOL／KOC！

3. 開始合作邀約、接觸及溝通

品牌端及經紀公司即會開始邀約這些目標中的KOL或KOC。

經說明後，這些KOL若有興趣，就請他（她）們到經紀公司或品牌端公司雙方進行深談，以供網紅們了解進一步狀況，以及雙方可互動做各項問題的討論。

在此階段，雙方也可以相互深入了解對方的狀況及條件如何；特別是KOL、KOC合作的費用問題。

4. 雙方簽訂合約

雙方經過多次見面討論及e-mail或電話往來聯絡後，雙方也都正式同意合作合約書上的條件及內容細項後，即可以簽訂正式合約，並展開正式的活動了。

合約的主要內容，包括有幾大項：

(1) 網紅的具體且詳細的工作內容規劃、規範。

(2) 網紅的報酬給付。

如：給付多少？分幾次支付？支付方式為何？支付條件為何？

(3) 網紅不可以做的、禁止的、排他的事項有哪些？

(4) 雙方合作的期限為何。

(5) 雙方應遵守的權利及義務為何。

(6) 網紅工作內容、製作成品等素材的再運用規範。

(7) 網紅工作的成果指標考核。

5. KOL、KOC製作期及作品露出

合約完成後，KOL及KOC們就各自進行他（她）們的內容撰寫及製作期了。

這些包括：他（她）們的貼文／貼圖製作或影片製作等。

製作完成後，他（她）們必須交給品牌端客戶做審查，及做必要的修正、修改，品牌端通過後，就可以由KOL、KOC他（她）們在各自的社群平台上露出，包括：FB、IG、YT、部落格等四種平台上面選擇哪些平台露出他（她）們的製作完成的貼文或影片。

6. 作品露出後的合作宣傳期

KOL、KOC將他（她）們的作品露出後，經紀公司及品牌端，還可以再進行一些宣傳，使效益達到更大，包括：

(1) 網紅社群廣告投放。

(2) 品牌官網宣傳。

(3) 品牌自媒體素材轉發或重製。

(4) 相關社群、論壇分享。

(5) 線下實體零售據點宣傳品應用。

7. 完成合作，結案成效數據的判讀

　　最後，網紅經紀公司在結案之後，會完成結案報告書，交給品牌端公司，並且雙方舉行會議，討論結案的成效如何？哪裡做得好？哪裡有待再加強？以後，如何做會更好？

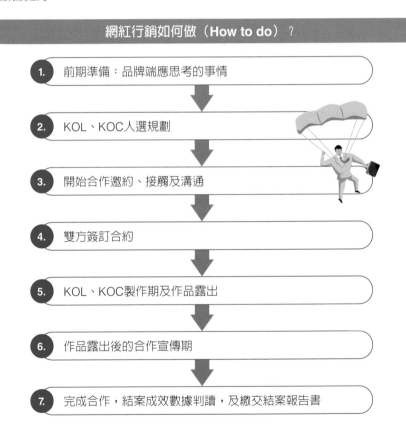

網紅行銷如何做（**How to do**）？

1. 前期準備：品牌端應思考的事情

2. KOL、KOC人選規劃

3. 開始合作邀約、接觸及溝通

4. 雙方簽訂合約

5. KOL、KOC製作期及作品露出

6. 作品露出後的合作宣傳期

7. 完成合作，結案成效數據判讀，及繳交結案報告書

十五、找網紅業配（業配文）的6大步驟

根據國內知名的KOL Radar網紅經紀公司的專業經驗顯示，找網紅合作或業配的6大步驟如下圖示：

找網紅業配合作6大步驟

1. 事前準備　　2. 挑選合作對象　　3. 合作邀約

4. 審稿溝通　　5. 上線宣傳　　6. 結案

十六、兩種找網紅的方法比較

品牌端要做KOL／KOC行銷活動時，可有兩種找網紅的方法比較，如下表：

表：兩種找網紅的方法比較

方法 比較	1.自己找網紅	2.透過專業公司找
1.人選匹配度	● 較低	● 較高（有AI資料庫篩選）
2.策略制定	● 費時費力 ● 策略精準度有限	● 比較了解社群動態及產業趨勢 ● 策略品質有保障
3.溝通成本	● 較高	● 熟悉專案執行流程 ● 溝通成本較低
4.網紅合作價碼	● 自己接觸時，網紅要價會比較高	● 因經驗豐富及熟悉市場價碼，故可取得較優惠價格
5.專案服務費	● 無，自己公司行銷人員執行	● 有，要支付專案服務費給專業經紀公司
6.成效結果	● 可能成效會較低	● 因具專業性，故網紅行銷的操作成果會較高、較好。
7.適用的大小型品牌公司	● 適合較小品牌、無預算的中小型公司	● 比較大型、大品牌公司，愈會找外部知名專業公司規劃及執行

十七、網紅報價的3種計算方式

網紅行銷的一篇／一則業配文或直播導購是如何收費的呢？主要有下列三種方式：

〈方式1〉固定稿費：

這是最普遍常見的KOL計價方式；例如：IG貼文一則＋限時導購連結，收費多少。

〈方式2〉銷售分潤：

這是常見在團購或直播導購上面，其收費方式，係採取銷售金額的多少百分比為分潤金額，其平均比例大約落在10%～30%之間。

〈方式3〉固定稿費＋銷售分潤：

這是一種混合方式，係指有一筆固定稿費做保底；且另有一筆銷售分潤可拿。

十八、網紅業配參考價目（價格）

根據實務操作，網紅業配的參考價格，主要區分三種：

〈第一種〉圖文一則：3,000元～10萬元之間

依網紅的粉絲數、互動率及合作內容，大致每一則圖文，其收費在：3千元～10萬元不等，範圍很大；比較沒有人氣的KOC微網紅，一篇貼文，最低價格在3,000元起跳，最高可收到一則貼文10萬元的重量級大網紅。

〈第二種〉影片一支：5～30萬元之間

由於影片製作比較費時及費工，故網紅一則影片要價在5～30萬元之間。

〈第三種〉年度代言：30～100萬元之間

若是找大咖的KOL年度代言，其收費更高，大約30～100萬元之間。

十九、較知名的網紅經紀公司

目前，國內較知名的網紅經紀公司，主要有如下幾家：

（一）iKala（愛卡拉）公司（即：KOL Radar）

（二）AsiaKOL公司

（三）Partipost公司

（四）PreFruencer網紅配方公司

（五）圈圈科技公司

（六）PressPlay公司

（七）VS Media公司

（八）CAPSULE公司

（九）AD POST公司

二十、如何成功操作網紅行銷的12項關鍵要素

經作者本人長期觀察及研究網紅行銷之後，彙整下列12項操作KOL／KOC成功的關鍵要素如下：

（一）找1～3家好的、強的**KOL**經紀公司協助

網紅行銷操作已愈來愈深入精緻與專業，品牌端如果有足夠預算時，建議最好找1～3家有良好且實戰口碑的網紅經紀公司或數位行銷公司，協助此項工作進行，以避免我們自己做的盲點及學習成本浪費。付一點專案服務費給這些網紅經紀公司是值得的。

（二）找到最合適、最契合、最有成效的**KOL／KOC**

成功操作KOL／KOC行銷活動的第二個要素，就是需很用心、很專業的找到符合本公司品牌、產品精神與特性的最適當、最契合的KOL或KOC們。

能找到最合適、最契合的KOL／KOC們，自然就會有好的成果、成效產生。反之，若是選錯了人選，那可能就是浪費預算了。

（三）有好品質、能吸引人、好口碑的精彩內容出現

就是網紅經紀公司、品牌端及KOL／KOC們三方面，要討論出及腦力激盪出，能製作出最好品質、最能吸引人看的、最有好口碑的、以及最有高互動率的好內容成品出來。不管是一篇貼文、一張圖片、一個影片呈現，都要用心、認真的去思考、企劃及製作呈現出來，最終才會有好的效益出來。

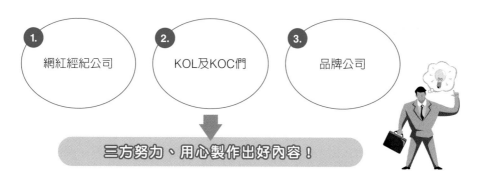

（四）好內容＋搭配促銷優惠活動

由於現在是一個低薪時代、庶民時代、小資時代、貧富差距大時代、經濟景氣較低落時代，因此，任何的行銷活動，都必須搭配各種促銷、折扣、抽獎、送贈品等各式促銷活動，才能成為有成效的行銷活動。網紅行銷也是一樣，要吸引這些忠實的粉絲群們去做互動、去做促銷、去實際消費購買、去對品牌端有好印象形成，也都必須搭配有十足誘因的各式促銷活動才可以打動這群粉絲們。

（五）品牌端、經紀公司與KOL／KOC們必須有良好的互動及溝通

在實際執行網紅行銷時，在品牌端及經紀公司，必須注意保持與KOL／KOC們有良好、正確的互動往來及溝通；使這些KOL／KOC們願意十足的配合這次活動的呈現，而收到最好的成果出來。

（六）明確每次網紅行銷的目標、目的與任務

每次、每波的網紅行銷活動，都必須明確訂出它的目標、目的或任務。

例如：

是為了促進銷售業績、或提高品牌曝光度、好感度或拉近與粉絲們的黏著度或提高忠誠度與回購率或加強互動性等。

（七）準備好完整的產品資料及訴求點

第七個要素，就是品牌端必須事前準備好完整的公司簡介及產品簡介、資料、訴求點、特色點等，給KOL及KOC們，讓他（她）們能快速吸收、快速了解，才能產生出好的與正確精準的創意出來，然後進行製作。

（八）避免太商業化、太利益化的感受，降低業配反感度

網紅行銷的作品，不管是貼文、貼圖、影片等，都應注意避免不要太商業化、太利益化的不好感受，並降低粉絲們對業配的反感度，此點也是蠻重要的。

（九）考慮是否納入整合行銷操作的一環，或是獨立單一操作

網紅行銷的操作，有兩種觀點：第一個觀點是認為，網紅行銷應該是一整套行銷計劃中的一部分，必須配套呈現為宜；第二個觀點是認為，為了評估出網紅行銷的效益起見，必須獨立單一操作，看看其效益、成效如何。這兩種觀點沒有對錯，實務上都會看到，是並存的。

（十）內容素材可充分運用到各種媒體上，可多做曝光，拉高綜效

KOL／KOC的製作內容素材，其智財權是歸品牌公司的，因此，我們必須將此內容素材更充分且更多元化的應用到不同的各式媒體呈現，或實體店面呈現；以收到更多的曝光效果，拉高更大綜效產生。

（十一）足夠預算支出

網紅行銷的操作預算支出，也不能編列太少，至少要上百萬元以上，不可能只有幾萬元或幾十萬元而已，有些大品牌，甚至編列500～1,000萬元之間。

如果預算太少，網紅行銷操作成果可能就會失敗。

（十二）一定要有檢討成效／效益分析

最後，網紅行銷不管大案、小案，都要做成效檢討，從成效檢討中，不斷的尋求改善作法，不斷的提高成效出來。

成功操作網紅行銷的12項關鍵要素

1. 找1～3家好的、強的KOL經紀公司協助。

2. 要找到最合適、最契合、最有成效的KOL／KOC。

3. 有好品質、能吸引人、好口碑的精彩內容製作出現。

4. 好內容＋搭配促銷優惠活動。

5. 必須與KOL／KOC有良好的互動及溝通。

6. 明確每次網紅行銷的目標、目的、任務。

7. 事前準備好完整的產品資料及訴求點。

8. 應避免太商業化、太利益的感受，降低業配反感度。

9. 考慮是否納入整合行銷操作的一環，或是獨立單一操作。

10. 內容素材可充分運用到各種媒體及實體上，可多做曝光，拉高綜效。

11. 要有足夠預算支出。

12. 最後，一定要有成效效益分析及檢討，不斷修正、進步。

二十一、如何選擇網紅行銷露出平台？

　　網紅行銷操作中，如何選擇這些貼文、貼圖、影片的露出平台呢？茲分析如下四種露出平台：

（一）Instagram：以美圖及情境為訴求

　　IG平台看重圖片的質感，主要以圖片加簡短文字，來與粉絲們溝通；IG整體使用者偏年輕，適合品牌的TA是年輕族群，或是想將品牌走向年輕化。

（二）Facebook：以分享及功能為訴求

　　FB使用年齡層集中在30～49歲以及50～65歲的壯年層及中年層居多，整體年齡層較前述的IG平台為高。分享內容可偏向專業、實用，適合講求實用性及保健性的品牌，例如保健食品。

（三）YouTube：以影音、娛樂、樂趣為訴求

　　YT平台重視娛樂性及影音視覺觀看，適合以影音呈現品牌特色的產品。

（四）Blog：以文字說明及功能訴求

　　相較於以上三種平台，Blog（部落格）的文章篇幅可以長一些，可置入詳細的品牌資訊，重視內容及產品細節，適合規劃或使用說明書。

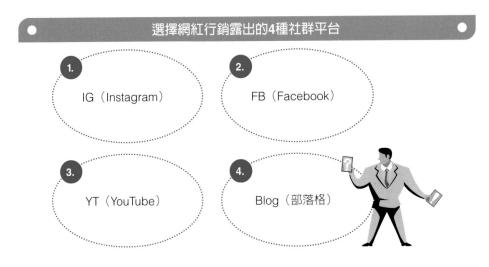

選擇網紅行銷露出的4種社群平台

1. IG（Instagram）
2. FB（Facebook）
3. YT（YouTube）
4. Blog（部落格）

二十二、如何評估適合的業配網紅人選

品牌端選擇業配網紅人選，通常會評估以下5項條件，如下：

（一）業配網紅的知名度及曝光效果。

（二）業配網紅與本品牌形象的相符合性及相契合性。

（三）業配網紅粉絲群與品牌目標客群的相符合性。

（四）業配網紅的粉絲互動率高不高與品牌溝通效果。

（五）業配網紅的轉換及導購成效如何。

在操作網紅行銷過程中,其製作的素材,不管是貼文、貼圖、影片或直播等,除了在自媒體社群平台播放呈現外,還可以加以重新製作,並呈現在下列管道,以重複使用,達到最大的曝光效果,包括:

(一)網路廣告呈現。

(二)平面廣告呈現。

(三)EDM(電子報)呈現。

(四)公司官網呈現。

(五)實體門市店電子看板呈現。

(六)實體零售據點呈現。

(七)公司官方FB / IG / YT粉絲團出現。

(八)公司官方線上商城。

網紅行銷製作素材多元化、再利用8個方向

1. 可在網路 / 行動廣告上呈現	2. 可在平面廣告上呈現	3. 可在公司官網呈現	4. 可在公司官方線上商城呈現
5. 可在公司官方 FB / YT / IG上呈現	6. 可在EDM (電子報)上呈現	7. 可在直營門市店電子看板上呈現	8. 可在零售據點賣場呈現

多元化、擴大化KOL/KOC的宣傳管道!

操作網紅行銷的效益評估指標有哪些？如下述：

（一）過程效益指標

1. 短影片觀看數及觀看率多少。

2. 貼文／貼圖的按讚數及成長率。

3. 貼文／貼圖的留言數（互動數）及互動率提高多少。

（二）最終效益指標

1. 對品牌力的提升（品牌印象度、知名度、好感度、信賴度、促購度）。

2. 對業績力的提升（有做網紅行銷跟沒做之前的平均業績比較）。

（三）口碑價值指標

此波活動，值得幾百萬元的口碑價值。

KOL／KOC網紅行銷效益評估指標

1.過程效益	2.最終效益
(1) 影片觀看數、觀看率。 (2) 貼文／貼圖按讚數。 (3) 互動數、互動率。 (4) 貼文／貼圖觸及數。	(1) 對品牌力提高。 (2) 對銷售業績的增加。

二十五、網紅行銷的廠商預算多少？

（一）網紅行銷的年度預算應編列多少？根據實務界資料顯示，對一家中大型的消費品品牌公司來說，其年度的KOL／KOC行銷預算，大概在：100～1,000萬元之間。

（二）中型品牌廠商的年度KOL／KOC行銷預算支出，大概在100～300萬元之間。

（三）大型品牌廠商，年度預算比較充分，故其年度KOL／KOC行銷預算支出，可能拉高到：300～1,000萬元之間。

KOL／KOC年度行銷預算多少

中型品牌公司
KOL／KOC行銷費用：
100～300萬元

VS。

大型品牌公司
KOL／KOC行銷費用：
300～1,000萬元

二十六、網紅行銷合作合約內容7大要項

品牌端跟網紅合作，必須簽妥合約書才算數，一般來說，合約書內容應包括如下7大要項：

（一）工作內容

1. 內容的形式：是貼文、影片、部落格。
2. 內容露出平台：是在FB（臉書）、IG、YT（YouTube）、公司網站、部落格。
3. 內容數量：貼文數量、圖片數量、影片數量。
4. 內容時間：內容會在露出平台上保留多久時間。
5. 發布日期：確定發布的截止日期。
6. 品牌風格：定義出品牌風格。
7. 經過同意：內容發布前，必經過品牌端同意。

網紅行銷合作合約的工作內容項目

1.內容形式： 是貼文、貼圖、影片、部落格。	**2.露出平台：** 是FB、IG、YT及其他平台。	**3.內容數量：** 貼文數量、圖片數量、影片數量。
4.上線時間： 上線日期及保留時間。	**5.品牌風格：** 定義出品牌風格。	**6.審稿同意：** 同意審稿及修改。

（二）報酬：

1. 報酬（稿費）金額多少。
2. 分幾期交付（簽約支付多少、期中支付多少、期終支付多少；或一次性支付）。

3. 匯款帳號。

4. 如果涉及導購銷售，其銷售分紅占比又是多少比例。

（三）排他性與禁止性：

合約中是否要規範有哪些排他性或禁止性的項目，即這些事項，網紅都不能做，如果做了，又有哪些罰則？

（四）法律責任與義務：

合作雙方，有哪些必須知道及遵守的法律責任與義務事項。

（五）成效（效益）規定：

有些合作合約，甚至還規定網紅至少有哪些基本的成效（成果、效益）要做到。例如：影片觀看人數、觀看率；貼文觸及數及留言互動數、互動率；及其他指標等。

（六）簽字：

雙方都必須在合約書上簽字，才算完成合約，並正式開始。

（七）合作期間：

雙方必須議定合作的期間，從何時開始到何時結束。

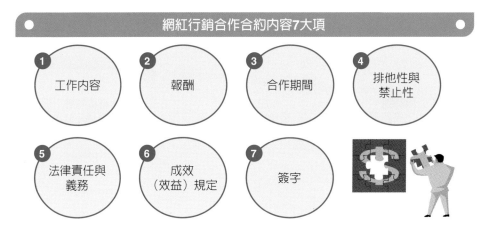

網紅行銷合作合約內容7大項

1 工作內容
2 報酬
3 合作期間
4 排他性與禁止性
5 法律責任與義務
6 成效（效益）規定
7 簽字

二十七、品牌廠商與網紅6種常見的合作模式

品牌廠商與網紅（KOL／KOC）常見的合作模式，計有下列6種：

（一）純貼文合作：

網紅體驗試用分享心得的文字及圖片（照片）表達、呈現與推薦。

（二）影片（影音）合作：

包括短影片（短影音）、長影片等對產品的使用推薦。

（三）團購、直播導購分潤合作：

品牌端要求KOL及KOC，進入團購貼文或團購影片，以及直播導購等專案分潤的進行。

（四）出席活動合作：

品牌廠商邀請合作方的KOL／KOC出席公司舉辦的各種公關活動或宣傳推廣合作。

（五）廣告、形象照片拍攝合作：

品牌廠商邀請KOL／KOC進攝影棚拍攝一些宣傳的照片或與產品合照照片。

（六）擔任品牌大使合作：

品牌廠商邀請具高知名度的大型KOL，擔任本公司的年度品牌大使。

品牌廠商與網紅6種常見合作模式

1.純貼文合作	2.影片製作合作	3.團購、直播導購分潤合作
4.出席活動合作	5.廣告／形象照片拍攝合作	6.擔任年度品牌大使合作

＊ 打響公司品牌知名度、形象度、好感度。
＊ 提振銷售業績。

二十八、與網紅合作應考慮的要點有哪些？

從全方位角度來看，品牌廠商與網紅合作，應考慮哪些要點？如下四大部分：

第一部分：品牌&產品介紹

包括：

（一）品牌基本介紹

（二）本次合作產品簡介

（三）產品獲得方式（寄去）

第二部分：合作方式

包括：

（一）發布平台（IG、FB、YT、Blog）

（二）發布形式及篇數

（三）需不需要轉發限時動態

（四）有無審稿

（五）產品是否須歸還

（六）預期交稿時間及上線時間

（七）後台成效提供

（八）素材授權方式及時間

第三部分：合作內容及條件

包括：

（一）溝通重點：

1. 希望網紅提及的產品亮點。

2. 設計合作文案切角、體驗後分享心得、使用情境。

（二）文案條件&必要置入資訊：

1. 是否有字數限制

2. 必要關鍵字

3. Hashtag（主題標籤）

4. 導流連結

5. 是否提供抽獎品

6. 促銷宣傳內容

（三）照片條件：

1. 基本照片張數限制

2. 影片長度限制

3. 照片拍照情境或已有圖片

4. 拍攝規模

（四）審稿要求

第四部分：其他補充及注意事項

包括：過去合作案例參考、產品說明資料、社群連結、避免碰觸事項、不可代言競爭品牌……等。

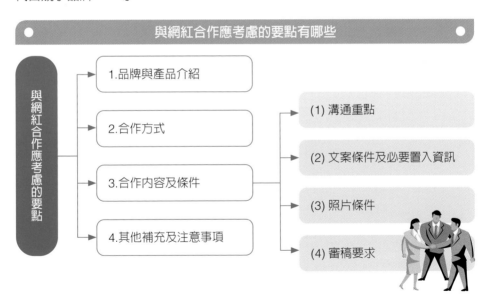

與網紅合作應考慮的要點有哪些

與網紅合作應考慮的要點

1.品牌與產品介紹

2.合作方式

3.合作內容及條件

4.其他補充及注意事項

(1) 溝通重點

(2) 文案條件及必要置入資訊

(3) 照片條件

(4) 審稿要求

二十九、品牌廠商對審稿的2個原則

品牌廠商對KOL／KOC貼文或影片的審稿工作，應該掌握2個原則：

一是，要符合公司的政策及要求。

二是，也要尊重KOL／KOC的自由創作空間，不能刪改太多。

品牌廠商對審稿的2個原則

1.

貼文及影片必須符合本公司政策及要求。

+

2.

要尊重KOL／KOC的自由創作空間，不能刪改太多。

三十、如何選擇網紅露出社群平台？

　　品牌廠商究竟要如何選擇網紅露出的社群平台呢？這最大的原則就是：要分析品牌風格、品牌定位、品牌TA，來選擇各種社群平台的特性。

分析品牌風格、
品牌定位、品牌TA

選擇最適社群平台的
露出及上線！

　　另外，茲列示各種社群平台的大概特性，如下：

1.IG平台：
- 以美圖及情境為訴求。
- 以20歲～40歲年輕族群為主力。

2.FB平台：
- 以功能及分享為訴求。
- 以較大年齡群（40～65歲）為主力。

3.YT平台：
- 以樂趣、娛樂為訴求。
- 以25～55歲壯年族群為主力。

4.TikTok平台：
- 以娛樂、好玩、新鮮為訴求。
- 以15～35歲更年輕族群為主力。

5.Blog（部落格）平台：
- 以說明及功能為訴求，文字可長些，以中壯年族群為主力。

網紅行銷露出的5大社群平台

KOL／KOC的貼文及影片露出、上線平台

- 1.IG平台
- 2.FB平台
- 3.YT平台
- 4.TikTok平台
- 5.部落格平台

各KOL／KOC的粉絲群們！

三十一、品牌廠商與網紅合作的時程

品牌廠商與KOL／KOC的合作時程：

（一）最快2週內，貼文或影片可以在社群平台上線。

（二）最慢2個月內，貼文或影片可以在社群平台上線。

三十二、該付多少費用給KOL／KOC的 5個原則

究竟品牌廠商應該付出多少費用給KOL／KOC呢？主要可參考以下5個原則：

（一）尊重KOL／KOC過去接案費用的參考。

（二）搜集媒合公司、經紀公司的公開平均收費。

（三）考量公司的政策及行銷預算多少。

（四）參考公司過去在執行網紅行銷案例的參考費用。

（五）最後，協調出最終雙方都可接受的費用及分潤比率。

三十三、網紅行銷合作簽約條款內容有哪些

品牌廠商在進行KOL／KOC網紅行銷時，雙方合作條約，應包括如下項目：

網紅行銷合作條約內容項目

1.合作內容
- 合作平台
- 合作項目
- 合作篇數
- 合作授權範圍及時間

2.合作費用
- 固定費用
- 分潤比率

3.約定日期
- 交稿日期
- 貼文上線日期
- 貼文字數長度

4.付款方式及時間
- 頭款
- 尾款

5.賠償條款
- 未依照合約之應賠償責任

6.責任歸屬
- 發生事故時之責任歸屬

三十四、挑選委外合作網紅媒合平台的4個原則

品牌廠商要挑選委外合作網紅媒合平台公司的4個原則，如下圖示：

挑選委外合作網紅媒合平台的4個原則

1. 該平台過去的經驗及成效好不好？

2. 該平台的外面口碑好不好？

3. 該平台的KOL／KOC資料的豐富性及完善性如何？

4. 該平台的操作功能強不強？

三十五、品牌執行網紅行銷五大理由

說服品牌廠商進行KOL／KOC行銷，有下列五大理由：

（一）品牌形象具象化及品牌定位鮮明

透過KOL／KOC行銷，將使品牌定位更加鮮明。

（二）新品活動曝光與介紹

KOL／KOC行銷將有助於新品對外曝光，及增加消費者認知度。

（三）累積使用者評價

可累積KOL／KOC粉絲們對商品的評價，創造品牌口碑。

（四）產製好看的行銷素材

KOL／KOC將產製出好看的、可多元化使用的行銷素材，包括：文字、圖片、影片等。

（五）優化關鍵字及社群搜尋

透過對文案及影片的搜尋，可使消費者看到KOL／KOC的合作貼文及影片。

品牌執行網紅行銷五大理由

1. 使品牌形象具象化及品牌定位鮮明

2. 有助新品活動曝光及介紹

3. 累積使用者評價

4. 產製出好看的行銷素材

5. 優化關鍵字及社群搜尋

三十六、網紅合作的3種形式

品牌廠商與網紅進行合作以推薦產品時，主要有3種形式，如下述：

（一）網紅業配

主要是指網紅透過文字貼文或影音（影片），而達成品牌曝光宣傳的目的；此種網紅只拿取一次固定的貼文費用或影音製作費，但無銷售分潤抽成的收入。

此種業配途徑，大抵是：

1. IG／FB貼文
2. YT影片（影音）
3. 抖音（TikTok）影音

（二）網紅團購

此種合作，係指網紅除固定費用外，也可享有團購成果的銷售分潤抽成。此種團購途徑，主要以團購貼文或團購影片（影音）呈現在IG、FB、YT、TikTok等社群平台上。

（三）網紅直播

此種合作，係指網紅以Live現場節目直播方式播出，由網紅自己擔任主持人，並展示產品及加以說明；此種合作方式，也可享有直播帶貨收入的分潤抽成。

其直播途徑，可在FB、IG、YT等三種社群平台上展現現場直播。

網紅合作的3種形式

1. 網紅業配（只收固定費用）

2. 網紅團購（可分潤）

3. 網紅直播（可分潤）

※ 使品牌曝光。
※ 使新產品曝光。
※ 促進銷售業績。

三十七、如何找到網紅合作的3種方式暨優缺點

品牌廠商想找網紅合作，可透過3種方式管道，如下：

（一）找網紅經紀公司

現在市面上有一些旗下有簽約合作的中大型KOL，這些就是網紅經紀公司。該種公司的優缺點如下：

1. 優點：
   (1) 可快速聯絡到合作的網紅。　　　(3) 可取得網紅合作貼文成效數據。
   (2) 有專案執行經驗。

2. 缺點：報價（費用）會較高些。

（二）找網紅媒合公司

現在市場上有不少網紅媒合公司的專業服務，其優缺點如下：

1. 優點：有大量KOL／KOC可挑選，可選出最適合網紅。

2. 缺點：須給付媒合費用。

（三）品牌廠商自己聯絡網紅

品牌廠商自身若是公司規模較大與組織人力夠多時，自己也可以主動聯絡網紅，自己進行網紅行銷；其優缺點如下：

1. 優點：
   (1) 可建立品牌端與網紅的長期關係。　　(2) 不用付給網紅代操公司費用。

2. 缺點：
   (1) 雙方聯絡溝通時間較長。　　　　(2) 初期操作經驗較為不足。

如何找到網紅合作的3種方式

1.
找網紅經紀公司

2.
找網紅媒合公司

3.
品牌廠商自己
聯絡網紅

三十八、網紅「大帶小」策略：
KOL＋KOC

　　品牌廠商在執行網紅行銷運作時，可採取「大帶小」策略，使其成效可以達到更高效果。

　　所謂「大帶小」策略，即指：

　　1～2位大型KOL＋數十位人海戰術KOC微網紅的展現模式。

網紅「大帶小」策略

| 1～2位大型KOL | ➡ | 大流量成效 |
| 數十位、人海戰術微網紅KOC | ➡ | 小流量，但高信任度及高互動率 |

　　茲圖示如下KOL與KOC之比較：

《KOL與KOC差異比較表》		
	KOL （中大型網紅）	**KOC** （微網紅／奈米網紅）
1.粉絲數	30～100萬人	1,000人～5萬人
2.合作價格	較高	便宜許多
3.行銷優勢	• 知名度較高 • 帶來曝光與流量	• 粉絲互動如朋友 • 同溫層，信任度高
4.檔期配合	• 檔期較多 • 須提前預約	• 檔期較少，較易配合
5.經營社群主題	• 經營單一垂直領域內容	• 經營生活化、小眾領域內容
6.經營面向	• 粉絲面向為主	• 同溫層互動為主

三十九、採用「KOL＋」策略的模式與加乘效果

在網紅行銷操作模式上，已有愈來愈多採用「KOL＋」的策略模式，希望帶來更大的加乘好效果。計有如下6個模式：

（一）模式1：KOL＋KOL／KOC／藝人

此模式，即採用：

1. KOL＋KOL（多位大型KOL的並用）。
2. KOL＋KOC（一位大型KOL加上數十位KOC微網紅的並用）。
3. KOL＋藝人。

上述模式是希望能達成跨多元化、跨粉絲群、跨平台的KOL／KOC的複合式更佳效果出來。

（二）模式2：KOL＋廣告推播策略

此模式即指：運用KOL合作的原生好素材，加以重組、重製成廣告短片，然後去投放社群廣告，以擴大曝光效果。

（三）模式3：KOL＋SEO優化策略

此模式即指：置入SEO關鍵字，增加被搜尋到的機會效益。

（四）模式4：KOL＋線下活動

此模式即指：將KOL線上粉絲流量及互動率，導入線下實體活動。

（五）模式5：KOL＋聯名行銷

此模式即指：將KOL與跨業／異業合作聯名行銷推出，以爭取更大品牌曝光度。

（六）模式6：KOL＋新聞議題與論壇口碑操作

此模式即指：將KOL與新聞議題綁在一起，增加話題性及曝光度。

〈模式1〉

- KOL＋KOL
- KOL＋KOC
- KOL＋藝人

〈模式2〉

- KOL＋廣告
  推播策略

〈模式3〉

- KOL＋SEO
  優化策略

〈模式4〉

- KOL＋線下
  活動

〈模式5〉

- KOL＋聯名
  行銷

〈模式6〉

- KOL＋新聞
  議題

四十、網紅收入五大類

網紅收入主要有5大類收入，如下：

（一）廠商業配收入

主要是品牌廠商與網紅合作在社群平台的貼文或影音推薦產品的品牌曝光度或口碑或形象或宣傳，網紅拿的則是一筆固定的貼文撰寫費用或短影音製作費用。此種收入是網紅較主力的收入類型。

（二）分潤收入

此收入指的是，網紅與品牌廠商合作團購或直播導購，所獲得銷售額的拆帳分潤收入；現在已有愈來愈多廠商與網紅是採取此種合作模式，此亦算是網紅的主力收入之一。

（三）品牌年度代言收入

第3種可能收入，是指大網紅為品牌廠商做年度代言人所獲之收入；此種網紅可能都是百萬粉絲人數以上的高知名度大網紅，才可能接到品牌廠商的年度品牌代言人合作案。

（四）聯名行銷合作收入

第4種可能收入，是指網紅與某家品牌廠商或某家零售業／服務業公司合作，推出雙方聯名行銷活動的新產品而言。此種合作的網紅，也必會是大型知名網紅才會有此合作機會。例如：最近全家超商即與大網紅：千千、金針菇、古娃娃等3人，合作推出在全家超商銷售的鮮食御便當、鮮食飯糰等聯名產品，結果均甚暢銷成功。這3位大網紅必然可以拿到每銷售一個鮮食產品的分潤所得。

（五）網紅頻道廣告收入

第5種可能收入，是指網紅在YT頻道上的廣告收入分配所得，當這些網紅自身所開頻道的觀看人數愈多、觀看時間愈長，那麼在YT平台上給的廣告分潤就愈多。

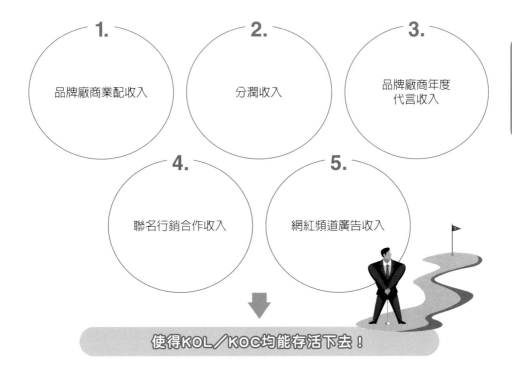

網紅收入5大類

1. 品牌廠商業配收入

2. 分潤收入

3. 品牌廠商年度代言收入

4. 聯名行銷合作收入

5. 網紅頻道廣告收入

使得KOL／KOC均能存活下去！

四十一、網紅合作邀約mail的5項要點

　　品牌廠商或網紅行銷代操公司想要與某位網紅進行合作邀約時，其發給對方mail信函中，應含括五項要點：

　　（一）公司、產品、品牌自我介紹。

　　（二）合作內容資訊與目的，能清楚且齊全表達。

　　（三）用字語氣應合乎禮儀，儘可能客氣與禮貌。

　　（四）預留對方充分決定與回覆的時間。

　　（五）留下公司端的連絡人員姓名、電話、e-mail等。

網紅合作邀約mail的5項要點

1.
公司、產品、品牌自我介紹。

2.
有關合作內容資訊與目的，能清楚且齊全表達。

3.
用字語氣儘可能客氣與禮貌。

4.
預留對方決定與回覆的充分時間。

5.
留下公司端的連絡人員姓名、電話與e-mail。

能夠成功邀約合作KOL／KOC行銷活動！

四十二、與KOL／KOC合作流程5步驟

品牌廠商如果自己要進行KOL／KOC網紅行銷時，其簡要5步驟，如下說明：

（一）品牌廠商找到並向KOL／KOC提出我方需求

品牌廠商操作網紅行銷活動的第一個步驟，即是：找到目標對象的KOL或KOC的聯絡電話及網址，並向他（她）們提出我方想要合作的需求。

（二）深入討論合作內容、目標及條件

接著，第二個步驟，就是邀請這些KOL或KOC到本公司來與公司負責此活動的行銷企劃部人員見面及商討合作內容、合作需求及合作條件，這個條件包括公司本身及KOL／KOC對方的條件。

（三）與KOL／KOC簽訂合約

雙方經過一次或多次的面對面溝通討論並定案之後，雙方即可簽訂合約；當然此合約也是經過KOL／KOC閱覽及討論過後，並經其同意的。

（四）展開專案執行與監測

接著，第四步驟，即是KOL／KOC們，就要依據雙方討論過後的內容及資訊呈現要求，展開貼文或是短影音／長影音的撰寫及製拍了。然後，製拍及撰寫完成之後，經審稿或觀看影音無問題之後，即可上線／上架到KOL／KOC各自的社群平台上去展現出來。

（五）專案執行完成之成效評估及結案

經過一段時間後，此專案完成後，公司行企部負責人員就須與合作的KOL／KOC們討論合作成效如何？有哪些指標達成了，有哪些指標沒達成；然後，把這些歷練過的實際經驗，做為下次再做KOL／KOC行銷專案時的改進、改良、精進的參考使用。

四十三、品牌廠商向KOL／KOC詳述合作的內容項目有哪些？

　　品牌廠商行銷企劃專責人員，必須找來KOL／KOC鎖定並接洽好的KOL或KOC們，與他（她）們面對面討論品牌端想要做的合作內容，這些包括：

（一）公司的產品品牌、目標客群及市場等概況。

（二）公司此次合作的目的、目標或任務如何？是純品牌知名度曝光及提升，或是希望促進銷售訂單與業績增加？

（三）雙方合作的具體內容

　　包括：

　　1. 是做純圖片＋文字的貼文，或是要做短影音／長影音短片的製作呈現？或是兩者均要做？

　　2. 是做促購型／團購型／直播型／品牌型的貼文或影音？

　　3. 上線平台有哪些？

　　4. 貼文及影片是否要審查及修改？

　　5. 費用的給付如何？每篇貼文及每支影音付費多少？是否有分潤？分潤比率如何計算？費用何時可給付？

（四）具體的專案時程表

　　包括：

　　1. 完成貼文／影片的最後時間日期。

　　2. 上線／上架到社群媒體時間。

　　3. 審查時間。

　　4. 付款時間。

　　5. 正式結案時間。

（五）素材授權項目

　　包括：

　　KOL／KOC撰文、製拍影片及照片等素材，可供本公司多元管道使用或重製使用，以及其期間有多長；另外，是否另付授權費用等。

品牌廠商向KOL／KOC詳述合作的內容項目有五大項

1. 公司的產品、品牌、目標客群及市場等概況了解。

2. 公司此次合作的目的、目標任務為何？是品牌曝光目標或是業績增加目標？

3. 雙方合作的具體項目：
(1) 是做貼文或影片？
(2) 是促購型／團購型／品牌型貼文？
(3) 費用如何給付？

4. 具體的專案各項時程日期：
(1) 上線日期
(2) 貼文／影片完成日期
(3) 審查日期
(4) 付款日期
(5) 結案日期

5. 素材再使用及多元使用的授權費用及時間多久。

在實務上，到底影響眾多KOL／KOC向品牌廠商報價或向網紅行銷代操公司報價的因素為何？如下7項：

（一）KOL／KOC粉絲數及其互動率

KOL／KOC所擁有的粉絲數愈多，且其互動率愈高／愈多，則這些KOL／KOC的報價費用就愈高。

（二）KOL／KOC的知名度及口碑如何

如果這些KOL／KOC的知名度愈高，且合作口碑愈好，則他（她）們的報價費用就愈高。

（三）KOL／KOC過去實戰成效好不好

如果這些KOL／KOC過去在實戰的貼文或影片或團購或直播的成效愈好的，他（她）們要的報價費用就愈高。

（四）合作商品性質

廠商合作商品，如果它們的產品知識門檻愈高，則這些KOL／KOC的報價費用就愈高，例如：像金融、保健食品、醫藥品、科技品等。

（五）執行內容形式

網紅行銷執行內容形式，也會影響KOL／KOC的報價費用；例如：影片製作就比純貼文要價高一些；直播導購就比靜態貼文要價高一些；國外拍攝就比國內拍攝要價高一些。

（六）特殊需求

例如：圖文授權費、肖像授權費、影音授權費、內容重製費、活動出席費等特殊需求，也必須納入報價費用。

（七）是否提供試用品／樣品

有些比較高價的小家電或彩妝／保養品，是否免費提供給這些KOL／KOC；也會影響報價費用。

四十五、經9面向評估與KOL／KOC的合作

　　品牌廠商要開始展開與KOL／KOC的網紅行銷合作案，到底評估這些KOL／KOC的適當性與否，主要可從9面向來思考、選擇及評估；如下：

（一）粉絲與品牌TA是否一致

　　網紅的粉絲群與我們品牌的TA（目標客群）是否相一致、相契合？

（二）網紅個人形象與品牌定位是否一致

　　網紅個人形象及特色與我們品牌的定位是否相一致、相契合？

（三）網紅過去執行成效如何

　　這些網紅過去從事類似工作的實際成效、成果好不好？

（四）網紅個人配合度好不好

　　這些網紅的配合度好不好？個人意見會不會太強？

（五）網紅個人知名度及形象度

　　這些網紅的個人知名度及形象度如何？好不好？

（六）網紅接業配案是否太多／太商業化

　　這些網紅是否接太多業配而令粉絲們逐漸不信任了？

（七）互動率、親和力、信任度如何

　　這些網紅與粉絲們的互動率如何？親和力及信任度如何？

（八）按讚數、追蹤數如何

　　這些網紅的追蹤數及按讚數如何？

（九）總體看，成效預期會不會好

　　總結來看，這次找這些KOL／KOC的合作，成果預期會不會好？

四十六、品牌廠商與KOL / KOC合作目的（目標）兩大類

品牌廠商近年來，擴大與各種類KOL / KOC合作，論其目的（目標），主要有兩大類，如下：

（一）純粹打品牌曝光效果

早期品牌廠商與KOL / KOC的合作目的，都是為了增加該品牌或該新產品的曝光率或提高知名度及形象度。所以，大多以靜態圖片＋文字的貼文呈現方式或短影音方式。事實上，也達成某種效果。

（二）要促進業績（銷售）效果的

後來，到了近幾年，品牌廠商與KOL / KOC的合作方向及目的，就很明顯轉向到了：以促進業績（銷售）為目的、目標。因此，近年來，大部分的貼文及影片，都已轉向為：促購型 / 團購型 / 直播導購型為主力呈現。

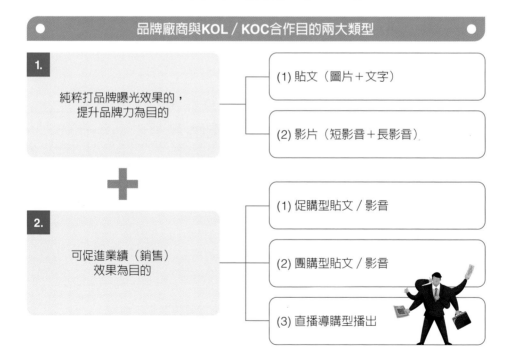

品牌廠商與KOL / KOC合作目的兩大類型

1. 純粹打品牌曝光效果的，提升品牌力為目的
- (1) 貼文（圖片＋文字）
- (2) 影片（短影音＋長影音）

＋

2. 可促進業績（銷售）效果為目的
- (1) 促購型貼文 / 影音
- (2) 團購型貼文 / 影音
- (3) 直播導購型播出

四十七、再確認網紅行銷可能產生的 爭議項目

在網紅行銷過程中，仍有可能產生爭議的項目，值得加以注意，如下幾項：

（一）產品狀況

KOL／KOC是否須歸還產品，以及產品是正貨包裝或試用品？

（二）產品試用不滿意

KOL／KOC若試用商品後，認為不滿意，不願推薦此商品時的處理方式。

（三）指定首圖

KOL／KOC發布的貼文首圖，是否有規範需求；例如：在首圖中，商品及人物必須同時出現。

（四）圖文或影片操作商業化程度

每個品牌廠商對合作貼文或影音的「業配程度」標準不盡相同，雙方須溝通偏向商業或貼近生活。

（五）審稿規範與限制

KOL／KOC應與品牌廠商對審稿規範加以溝通清楚。

（六）授權與轉載

KOL／KOC創作的圖文或影音內容，是否須請網紅提供授權或是轉刊其他平台及授權期間。

（七）提供後台成效

合作專案結束後，是否須請KOL／KOC提供貼文／影音成效數據或截圖。

四十八、網紅行銷帶來的6個效益

近幾年來，KOL／KOC網紅行銷可說是大幅崛起，並成為品牌廠商的操作工具之一，而且也達到某種程度的效益出來。茲整理網紅行銷究竟帶給品牌廠商哪些效益／成效呢？計有如下6點：

（一）有效曝光產品

由於KOL／KOC網紅們的創作內容在各大社群平台上（FB、IG、YT、Line、TikTok）被大量分享，可有效快速打開品牌知名度。

（二）可有效增加銷售業績

近年來，大量的促購型／團購型／直播導購型的貼文、影片等大量出現，可有效增加品牌廠商們的每一檔次銷售業績，成為另一種新且有效的銷售通路管道。

（三）可有效增加新會員、新顧客

透過促購、團購、直播等呈現方式，除了帶動業績外，也會有效增加新會員、新顧客，這些過去都是這些KOL／KOC的忠實粉絲群，如今粉絲群轉換成品牌廠商的新顧客群。

（四）行銷成本支出較少

網紅行銷操作的成本支出，遠比那些投放在電視廣告上及網路／手機廣告上的支出要少很多，也可以說是節省很多，特別適合中小企業的中小品牌所使用。

（五）提升消費者對品牌的信任感及說服力

透過這些KOL／KOC的真誠推薦與親身使用，可提升他（她）們的忠實粉絲群對該品牌的信任感及說服力。

（六）特定受眾精準行銷

由於這些KOL／KOC大都有專長分類，例如：美妝的KOL／KOC、親子KOL／KOC、美食的KOL／KOC、醫療的KOL／KOC……等，因此，可以達成精準行銷的目標。

網紅行銷帶來的6個效益

1.
有效曝光產品

2.
可有效增加銷售業績

3.
可有效增加新顧客、新會員

4.
行銷成本支出較少

5.
可提升粉絲們對該品牌的信任感及說服力

6.
特定受眾與精準行銷

引來KOL／KOC網紅行銷被大量運用！

四十九、網紅行銷的缺點

網紅行銷仍存在一些小缺失,有三個缺點如下:

(一)仍有潛在風險

例如:去年統一超商與KOL Joeman聯名鮮食產品,結果Joeman發生吸食大麻事件,迫使統一超商一天之內緊急下架所有跟Joeman相關的聯名鮮食產品,所幸,統一超商緊急處理,並未造成太大的損害。

(二)花費較多時間及人力

品牌廠商若與多位KOL及KOC合作時,就必須花費較多的時間及人力與這些網紅討論及溝通。

(三)素材品質不一,不易管控

KOL / KOC的素質不一,必須做好審稿工作,較不易管控。

五十、網紅行銷的上線社群平台 / 管道有哪些

一般來說,KOL / KOC的貼文或影片製作完成之後,可以上線的社群平台 / 管道,很多元化,包括如下:

(一)IG貼文 / 影片　　　　　　(五)YT Shorts(短影音)

(二)IG限時動態貼文 / 影片　　(六)TikTok短影音

(三)IG Reels(短影音)　　　　(七)FB貼文 / 影音

(四)YT影片

網紅行銷的上線社群4大平台

1. IG平台	2. FB平台	3. YT平台	4. TikTok平台

五十一、要去哪裡找網紅人選？

品牌廠商如果想自己展開KOL／KOC行銷活動時，必先思考在哪裡可找到這些KOL／KOC？主要可以從下列4大社群平台去搜尋及洽談：

要去哪裡找網紅人選

1.FB平台 全球最大社群網站，每月活躍用戶數最多，但TA年齡稍長些。	**2.IG平台** 全球最大圖文社群網站，適合TA女性、較年輕。	**3.YT平台** 全球最大的影片內容社群網站，年輕到老年均有。	**4.TikTok平台** 全球最娛樂、流行的短影片社群平台。

可找到KOL／KOC，尋求合作！

五十二、網紅行銷媒合平台有哪些？

品牌廠商如果想透過外界專業網紅行銷公司協助進行的話，下列5家是較知名的大型媒合平台公司：

網紅行銷媒合平台

1.
KOL Radar
（iKala）

2.
AD-Post

3.
網紅配方

4.
圈圈科技

5.
Noxinfluencer

五十三、合作內容素材更多元化再利用 （9種管道）

品牌廠商花了一些行銷預算，邀請KOL／KOC做網紅行銷操作，其所製作的宣傳／推薦素材，包括：貼文、影片、直播等素材，都值得再多元化利用呈現，才能得到更多成效／成果出來。

因此，除了KOL／KOC自身的社群平台曝光展現之外，品牌廠商尚可在下列9種管道加以多元化呈現，如下圖示：

KOL／KOC合作內容素材更多元化再利用呈現（9種管道）

1. 自己的YT品牌頻道	2. 公司官網	3. 公司（自己的）線上商城
4. FB／IG官方粉絲團	5. 門市店內上方的電視牆	6. 官方TikTok帳號
7. Line官方帳號	8. 官方手機APP	9. 官方部落格

更多元化、多樣化的曝光，
大力提高品牌知名度及形象度、好感度。

五十四、網紅等級區分

如果從KOL／KOC的粉絲數多少做為指標的話，KOL／KOC大致可有下列6種等級的區分：

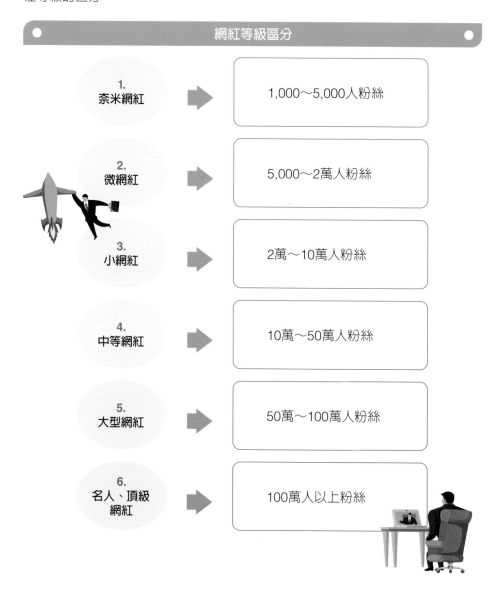

網紅等級區分

1. 奈米網紅	➡	1,000～5,000人粉絲
2. 微網紅	➡	5,000～2萬人粉絲
3. 小網紅	➡	2萬～10萬人粉絲
4. 中等網紅	➡	10萬～50萬人粉絲
5. 大型網紅	➡	50萬～100萬人粉絲
6. 名人、頂級網紅	➡	100萬人以上粉絲

五十五、如何擬定網紅行銷合約內容

品牌廠商在與KOL／KOC展開正式合作之前，應先簽定雙方都同意的合約書，其內容應包括重點，如下述：

（一）合作內容

1. 產品提供：是否由品牌廠商免費提供。
2. 合作項目：
   (1)是貼文或影片或直播；
   (2)發文／發片的上線社群平台管道；
   (3)篇數多少。
3. 合作時程：
   (1)何時提供貼文或影片；
   (2)貼文或影片維持多久。
4. 文案要求：文案必要資訊、字數限制、宣傳標語。
5. 圖片或影片要求與審稿：包含元素、風格呈現、審稿。
6. 轉授權：轉授權條件、方式、地點及期限。
7. 其他細節：穿著要求。

（二）合作報酬

1. 合作報酬金額。
2. 支付方式及期數。
3. 是否分潤？分潤比率多少？

（三）法律與義務規範

1. 保密協議與競業禁止之規範。
2. 政府法規對宣傳詞句之規範（如：藥品、保養品、彩妝品、保健食品等）。

如何擬定網紅行銷合約內容項目

1.
合作內容
- (1) 產品提供
- (2) 合作項目
- (3) 合作時程
- (4) 文案要求
- (5) 圖片或影片要求與審稿
- (6) 轉授權
- (7) 其他細節

2.
合作報酬
- (1) 合作報酬金額
- (2) 支付方式及期數
- (3) 是否分潤及分潤比率

3.
法律與義務規範

五十六、自己（公司）進行KOL／KOC 行銷的缺點

　　有些品牌廠商想要自己進行KOL／KOC的行銷操作，但會面對下列缺點必須思考：

　　（一）不一定會找到最適當的KOL／KOC對象來合作。

　　（二）自身缺乏實戰操作經驗。

　　（三）最終成效、效益也未必理想。

　　（四）會耗費不少自己公司部門內的人力及時間。

　　（五）不太知道付多少錢給這些KOL／KOC才是合理價格。

　　（六）合作流程稍嫌繁複。

五十七、外面專業、知名的網紅行銷 經紀公司

　　品牌廠商如果想透過外面專業的網紅行銷或經紀公司進行代操時，必須找到比較富有實戰經驗及豐富資料庫公司進行比較妥當，可推薦下列公司：

五十八、網紅行銷媒合公司：KOL Radar（iKala）的3大優勢

茲列示國內較知名、大型的網紅行銷媒合公司（KOL Radar）的3大優勢：

（一）網紅分析數據庫：

透過200萬筆FB、IG、YT、TikTok跨國網紅名單，提供網紅篩選、數據分析、名單收藏等功能，累積超過5萬家品牌廣告客戶。

（二）網紅商案媒合平台：

一站完成網紅媒合、聯繫、簽約、付款、成效報告等完整需求；媒合網紅皆通過註冊認證，透過平台聯繫與合作，安心有保證。

（三）全方位專案服務：

一條龍提供策略擬定、企劃執行、網紅對接、廣告宣傳、口碑行銷、成效追蹤等全面服務，客戶涵蓋美妝、電商、母嬰、快消品等多元產業。

KOL Radar網紅行銷媒合公司3大優勢

1.
網紅分析數據庫

2.
網紅商案媒合平台

3.
全方位專案服務

五十九、AD POST網紅行銷媒合平台之優點

AD POST是國內較知名且大型的網紅行銷媒合平台，其具有下列5點優勢：

AD POST網紅行銷媒合平台之5項優點

1.
萬筆網紅豐富資料庫，找KOL／KOC更方便。

2.
專案管理面執行更快速。

3.
保證觀看的合作流量，業配成效有保障。

4.
合作討論過程都有紀錄。

5.
完整結案報告，合作成果更了解。

六十、網紅變現的7種多元模式

KOL／KOC網紅行銷除了業配收入之外，尚有以下7種多元的變現收入：

（一）KOL聯名行銷

KOL與品牌廠商聯名行銷的狀況愈來愈多；例如最成功的是：全家超商與KOL古娃娃、千千、金針菇等人推出聯名鮮食便當及飯糰，銷售很好；這些KOL也獲得銷售的分潤收入。

（二）自創品牌銷售

像金針菇、古娃娃、千千等都自創品牌去銷售，也賣的不錯；例如：金針菇就自創「金家ㄟ」品牌，去賣韓式小菜。

（三）團購商機

近年來，大幅崛起的網紅團購也為網紅帶來很大商機及收入。

（四）線上課程

像阿滴英文、愛莉莎莎、證券分析師老王、啾啾鞋、千千……等，都在網上販售自己的課程，也有不錯收入。

（五）直播帶貨

現在，不少KOL／KOC變成社群平台上的「直播主」，透過定時的每週直播時間銷貨成功，帶來拆帳分潤收入，或是自己批貨進來賣的收入。

（六）網紅電商平台

美賣科技公司是一家上興櫃的網紅團購電商平台，該公司找了100多位知名網紅及500多家供應商，然後以特惠低價銷售產品，創造年營收6億元，是很好的創新模式。

（七）業配收入

業配收入是KOL／KOC從過去到現在常見的收入，該收入係指KOL／KOC以業配貼文、業配影片，在自己社群平台上為品牌廠商推薦新產品或新品牌的曝光，可以得到固定貼文及影片的收入。

六十一、常見品牌端與網紅的6種合作方式

常見品牌廠商與KOL／KOC的合作方式，計有下列6個方式：

（一）業配圖文（貼文）

在網紅的FB及IG上呈現的貼文。

（二）業配影片

在網紅的YT、IG、FB、TikTok上面，所呈現的短影片及長影片。

（三）線下實體活動

KOL／KOC參加品牌廠商的線下實體活動，例如：一日店長活動或促銷活動賣場現身等實體活動。

（四）多元形式活動

KOL／KOC參加：電視節目、平面媒體、年度代言人、Podcast等多元活動。

（五）團購

網紅以貼文或影片呈現出團購的活動，為品牌廠商帶來更多的銷售業績增加。

（六）直播導購

KOL／KOC轉變成社群網路上直播主，為品牌廠商現場直播（Live）銷售產品。

品牌端與KOL／KOC的6種合作方式

1. 業配貼文	2. 業配影片	3. 出席線下實體活動
4. 多元形式活動	5. 團購	6. 直播導購

六十二、制定網紅行銷策略6大步驟（Welly公司作法）

國內知名的網紅行銷公司（Welly公司），列出與網紅合作的6大步驟，如下圖示：

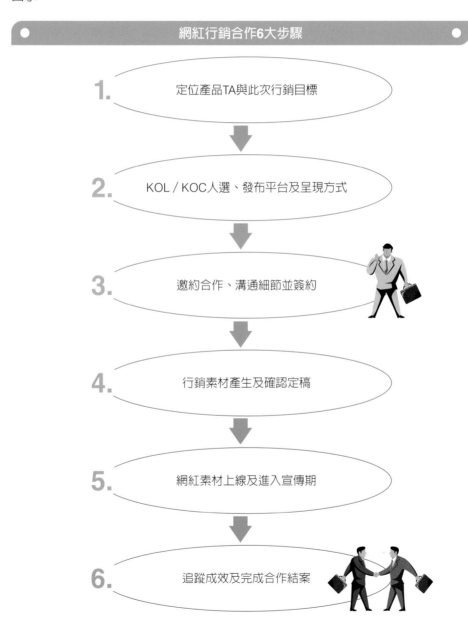

網紅行銷合作6大步驟

1. 定位產品TA與此次行銷目標

2. KOL／KOC人選、發布平台及呈現方式

3. 邀約合作、溝通細節並簽約

4. 行銷素材產生及確認定稿

5. 網紅素材上線及進入宣傳期

6. 追蹤成效及完成合作結案

六十三、找KOL / KOC的2大方向

品牌廠商想要找KOL / KOC合作，應先從2大方向著手，如下：

（一）先找出合適的網紅類別

社群平台上，有很多不同的網紅類別，例如：美妝類、美食類、小家電類、生活日用品類、母嬰類、穿搭類、知識類、旅遊類、夫妻類、搞笑類……等多元化、多樣化的專長KOL / KOC。

品牌廠商首先要尋找自己產品TA（目標客群）與網紅類別相一致、相匹配的為優先。

（二）其次，找出網紅等級

接著，另一個方向，就是要找出大型網紅或中型網紅或微型網紅了。

找KOL / KOC2大方向

1.
先找出合適的
網紅類別

+

2.
再找出網紅等級

先確立大方向，然後再細節尋找。

六十四、與微網紅（KOC）合作的4個優勢

品牌廠商與KOC微網紅合作的4點優勢，如下：

（一）內容真實、較受信賴

微網紅雖然粉絲人數較少，約3,000人～1萬人；但這群粉絲可說相當忠實，對微網紅的發文也很信賴，這是第一個優勢。

（二）較低收費（成本付出少）

微網紅（KOC）對每篇貼文或每支影片的收費較大網紅（KOL）低很多，是中小企業品牌廠商比較能負擔得起的。

（三）粉絲受眾精準

KOC的粉絲人數雖少些，但都很精準，如果能結成人海戰術數十個KOC一起為品牌廠商推薦的話，其成效必佳。

（四）社群口碑影響力大

多位KOC的結合，可吸引不同受眾，帶來從眾效應，並在社群上產生口碑正面影響力。

品牌廠商與KOL／KOC合作網紅行銷的簡易5步驟，如下：

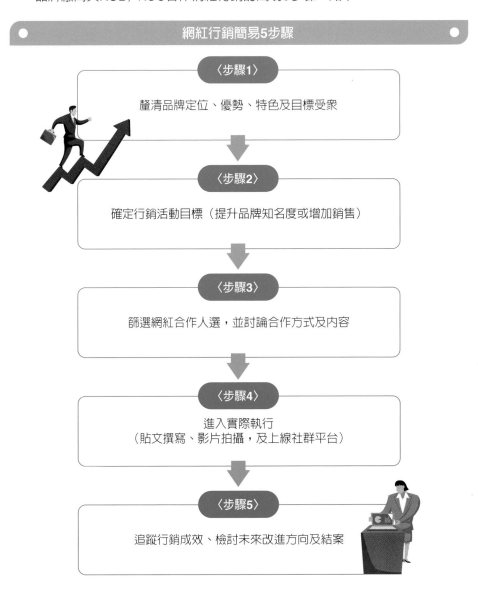

網紅行銷簡易5步驟

〈步驟1〉

釐清品牌定位、優勢、特色及目標受眾

〈步驟2〉

確定行銷活動目標（提升品牌知名度或增加銷售）

〈步驟3〉

篩選網紅合作人選，並討論合作方式及內容

〈步驟4〉

進入實際執行
（貼文撰寫、影片拍攝，及上線社群平台）

〈步驟5〉

追蹤行銷成效、檢討未來改進方向及結案

六十六、網紅行銷的委外合作流程 （跨際數位公司的流程）

若品牌廠商要透過委外專業網紅行銷公司來規劃及執行，其流程大致如下圖示：

委外網紅行銷合作的流程

1. 品牌客戶詢問委外合作內容及合作報價

2. 確認客戶端的品牌形象及本次合作目的／目標

3. 由委外公司提供網紅名單

4. 討論網紅合作方向與具體內容

5. 網紅提供貼文文稿或影片／影音

6. 品牌客戶審查貼文及影片內容與必要修改

7. 上線社群平台並追蹤成效與結案

六十七、網紅行銷操作，由自己公司來做 的可能缺點

品牌廠商想要推動KOL／KOC網紅行銷專案活動時，可能會堅持由公司自己親自做，如此之下，可能會面臨幾個缺點：

（一）公司及人員缺乏實戰經驗，恐會繳一些初期失敗的學費。

（二）尋找合適網紅（KOL／KOC）及與他（她）們溝通的時間，可能會花費長一些時間。

（三）初期的成效，較無法保證。

（四）須指派1～2人專案負責處理，也要花費一些薪資成本，不如委外專業公司來做。

六十八、委外公司合作網紅行銷之流程

茲以國内知名的「AsiaKOL」公司的網紅行銷合作流程，圖示如下：

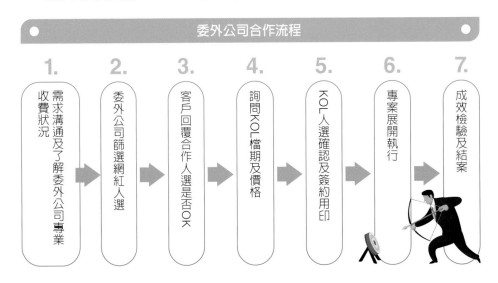

委外公司合作流程

1.	2.	3.	4.	5.	6.	7.
需求溝通及了解委外公司專業收費狀況	委外公司篩選網紅人選	客戶回覆合作人選是否OK	詢問KOL檔期及價格	KOL人選確認及簽約用印	專案展開執行	成效檢驗及結案

六十九、台灣萊雅運用KOL

（一）台灣萊雅已經匯集旗下18個品牌過去的網紅行銷成果，並建立資料庫。

內部人員輸入行銷目標後，系統就能依此篩選出合適的網紅，接著還能根據品牌調性再做一次篩選。

（二）例如：假設媚比琳推出的新品目標是增加曝光度，系統便會篩選追蹤數高的網紅，接著再根據媚比琳專攻年輕客群定位，從年輕愛用的IG、小紅書平台中，推薦成效較佳的KOL／KOC網紅。

七十、KOL／KOC業配貼文或影音內容表達成功的9個注意點

品牌廠商在規劃及執行KOL／KOC業配貼文或影音製拍內容表達上及展現上，應有9個注意點，如下：

（一）秉持影音＞圖片＞文字原則

業配貼文的呈現，主要有三種；一是影音，二是圖片，三是文字。但必須記住，若預算充足，應以影音＋圖片＋文字並重；若預算不足，就以圖文表達。

（二）KOL／KOC自己親身使用及見證

KOL／KOC想要推薦產品或品牌時，必須牢記：自己必須親身或長期使用過這個產品，如此，才比較有足夠說服力及見證力。

（三）必須要有吸引人促銷優惠或折扣搭配

業配貼文或影音，不只是在宣傳或推薦這個產品／品牌，或增加曝光度而已，而是要有促進銷售、促進訂購的業績效果，因此，一定要有折扣碼可以連結到品牌廠商的線上商城或線上下單頁面；所以一定要推出吸引人的優惠或折扣促銷才行。

（四）貼文文字切勿過多

業配貼文的文字描述及字數，切勿過多，切勿過於冗長，粉絲們會失去耐心看完，變成無效的業配貼文了。

（五）要有足夠吸引人閱讀及觀看注目內容

不管是業配貼文或業配影音，在5秒內，一定要能夠吸引粉絲們的眼球目光，願意持續看下去、看完它，才算是成功的KOL／KOC業配活動。

（六）與粉絲們溝通的文字及影音表達要求

KOL／KOC在撰寫業配貼文或製作業配影音時，對於文字及畫面的表達要求，應該盡力做好以下幾點：

| 1.要真心。 | 2.要誠意。 | 3.要貼心。 | 4.要親和。 |
| 5.要信任。 | 6.要風趣。 | 7.要質感。 | |

（七）勿有太高商業性及強迫購買感受

KOL／KOC業配貼文或影音呈現，勿有太高商業性或強迫購買感受，引致粉絲們的反效果，負面評價，那就完全是失敗了。

（八）要為粉絲們解決生活上問題及痛點

品牌廠商的業配貼文或影音，絕對要站在粉絲立場上來看，展現出為他（她）們解決問題、解決生活痛點、並帶給他（她）們生活上、健康上、心理上的利益點（benefit）所在，粉絲們才會有高的接受度。

（九）要與粉絲們融合成、變成他（她）們的好朋友感覺

最後，KOL／KOC的最高境界，就是要能達成與粉絲們之間，已變成、融合成彼此間是「好朋友」、「很好朋友」的感受出來，粉絲們才會接受各式各樣的業配貼文。

KOL／KOC業配貼文或影音內容表達成功的9個注意點

1. 秉持影音＞圖片＞文字原則	**2.** KOL／KOC自己親身使用及見證	**3.** 必須有吸引人的促銷優惠或折扣搭配
4. 貼文文字切勿過多	**5.** 要有足夠吸引人閱讀及觀看注目內容	**6.** 與粉絲的溝通文字及影音表達要真心、誠意、親和、信任
7. 勿有太高商業性及強迫購買感受	**8.** 要為粉絲們解決生活上的問題及痛點	**9.** 要與粉絲們融合成他（她）們的好朋友感覺

七十一、微網紅（KOC）行銷的優點

　　現在，愈來愈多品牌廠商挑選微網紅（KOC）而不是大網紅進行行銷操作，主因是下列這些優點：

　　（一）KOC的互動率較高。

　　（二）KOC的親和力、信賴度、黏著度、貼近度較高。

　　（三）KOC的受眾精準度較高。

　　（四）KOC的合作價格低很多。

　　（五）最後，KOC的運用轉換率較高，亦即轉換成訂購的業績會較高。

七十二、台灣2024年之前50大網紅排名

排名	KOL名稱	領域類型
1	嘎嫂二伯	家庭母嬰
2	Grace葛瑞瑞	家庭母嬰，美食料理，美妝保養
3	飆捍	運動健身，遊戲電玩，時事討論
4	那些電影教我的事	影視評論
5	蔡桃貴	家庭母嬰，趣味搞笑
6	Yun Chou	家庭母嬰
7	那對夫妻	家庭母嬰，趣味搞笑，表演藝術
8	莫莉Molly	美妝保養，旅遊
9	Ines Wang	美妝保養，帶貨分潤
10	黃阿瑪的後宮生活	寵物
11	紀卜心Kimi	美妝保養，旅遊
12	魚乾	寵物，遊戲電玩，趣味搞笑
13	見習網美小吳	美妝保養，趣味搞笑
14	伊萊Elijah Kewley池東澤	家庭母嬰，帶貨分潤
15	小熊Yuniko	3C科技，遊戲電玩
16	王宏哲教養、育兒寶典	家庭母嬰，知識教育，高階經理人
17	77老大	醫療健康，知識教育
18	肥大叔	美食料理
19	GINA HELLO!	美妝保養，旅遊
20	丹妮婊姐	美妝保養，趣味搞笑
21	Charlene Liu查理	美妝保養，旅遊
22	Natalie吳斐莉	美妝保養，旅遊
23	我是阿樂林妤臻	遊戲電玩，表演藝術
24	SMG Sirenia海牛	遊戲電玩
25	含羞草日記	遊戲電玩，趣味搞笑
26	連環泡有芒果	美食料理，寵物，趣味搞笑

排名	KOL名稱	領域類型
27	好味小姐	美食料理，寵物
28	Joeman	美食料理，3C科技，趣味搞笑
29	彤羽Tongtong	美妝保養，美食料理，旅遊
30	林萱Shiuan	美妝保養
31	泥泥汝niniru	美妝保養，遊戲電玩
32	小咪林珮珊	美妝保養
33	Tai Tzu Ying戴資穎	運動健身
34	千千進食中	美食料理
35	一隻阿圓	美妝保養，旅遊
36	Six Wang	遊戲電玩
37	HOOK	寵物，美食料理
38	Ru's Piano Ru味春捲	表演藝術
39	豆漿-Soybean Milk	寵物
40	柴犬Nana和阿楞的一天	寵物
41	Nina曹婕妤	美妝保養，旅遊
42	優寶cawaiiun	表演藝術
43	貝莉莓	遊戲電玩，表演藝術
44	波蘭女孩×台灣男孩在家環遊世界	旅遊，美食料理
45	Sena曾玄玄	美妝保養，家庭母嬰
46	Hello Catie	美妝保養，家庭母嬰
47	短今Sammie	美妝保養
48	巫苡萱	美妝保養
49	QQmei	家庭母嬰，帶貨分潤
50	凱琪K7	遊戲電玩，趣味搞笑

七十三、台灣美妝保養網紅排行榜（前20名）

排名	KOL名稱	活躍平台	總粉絲數
1	Grace葛瑞瑞	FB、IG、YT	1,610,012
2	莫莉Molly	FB、IG、YT	1,155,729
3	Ines王以甯	FB、IG	386,296
4	紀卜心Kimi	FB、IG、YT	1,232,171
5	見習網美小吳	FB、IG、YT	1,850,644
6	GINA HELLO!	FB、IG、YT	1,884,632
7	丹妮婊姐	FB、IG、YT	968,170
8	Charlene Liu查理	FB、IG、YT	1,052,330
9	Natalie吳斐莉	FB、IG、YT	922,800
10	彤羽Tongtong	FB、IG	667,174
11	林萱Shiuan	FB、IG、YT	691,782
12	一隻阿圓	FB、IG、YT	1,306,993
13	Nina曹婕妤	FB、IG、YT	957,218
14	Sena曾玄玄	FB、IG、YT	735,527
15	Hello Catie	FB、IG、YT	1,889,282
16	短今Sammie	FB、IG、YT	528,328
17	巫苡萱	FB、IG	1,138,788
18	卡特Kart	FB、IG、YT	280,197
19	唐葳Weiwei	FB、IG、YT	748,735
20	愛莉莎莎Alisasa	FB、IG、YT	1,998,397

排名	KOL名稱	活躍平台	總粉絲數
1	嘎嫂二伯	FB、IG、YT	1,840,590
2	Grace葛瑞瑞	FB、IG、YT	1,610,012
3	蔡桃貴	FB、IG、YT	2,828,408
4	Yun Chou	FB、IG、YT	1,097,249
5	那對夫妻	FB、IG、YT	3,458,676
6	伊萊Elijah Kewley池東澤	FB、IG	406,791
7	王宏哲教養、育兒寶典	FB、IG、YT	1,717,586
8	Sena曾玄玄	FB、IG、YT	735,527
9	Hello Catie	FB、IG、YT	1,889,282
10	QQmei	FB、IG、YT	843,758
11	上發條俱樂部	FB、IG、YT	420,362
12	江老師	FB、IG、YT	569,239
13	BBBB酷琪琪	IG	421,941
14	高敏敏營養師	FB、IG、YT	454,175
15	鳥先生&鳥夫人	FB、IG、YT	411,711
16	陳薇伶	IG、YT	303,481
17	小蠻王承嫣	FB、IG、YT	684,237
18	樂樂小公主	FB、IG、YT	571,917
19	JuLeeDaily朱李一家	FB、IG、YT	499,960
20	我是大A	FB、IG	367,583

排名	KOL名稱	FB粉絲數	IG粉絲數
1	千千進食中	781,611	664,997
2	Grace葛瑞瑞	1,026,013	562,744
3	肥大叔	784,814	86,453
4	滴妹	245,500	777,100
5	大象發福廚房	30,986	310,602
6	妮妮Nini	48,300	341,098
7	魏華萱	340,509	38,410
8	那個女生Kiki	263,293	184,263
9	簡單哥	456,130	81,765
10	蘿潔塔的廚房	842,371	15,849
11	巨鳥胃七七	32,471	252,013
12	Amyの私人廚房	1,347,027	53,417
13	詹姆士	846,848	49,287
14	台中美食泰迪泰愛吃	662	228,677
15	4foodie	63,040	418,301
16	安啾咪	589,959	381,499
17	強運少女日本日記RU in Japan /	105,292	94,059
18	Ciao! Kitchen	228,889	49,561
19	路路LuLu	104,887	168,808
20	游庭瑄yoyo		227,445

七十六、台灣知識教育網紅排行榜（前20名）

排名	KOL名稱	FB粉絲數	IG粉絲數
1	王宏哲教養、育兒寶典	1,387,037	89,549
2	77老大	288,486	126,516
3	營養師肥比feibi	7,683	232,089
4	Peter Su	719,479	601,544
5	志祺七七	38,397	118,890
6	營養師杯蓋	10,885	206,191
7	柴鼠兄弟ZRBros	143,631	28,014
8	黑眼圈奶爸Dr.徐嘉賢醫師	194,812	22,628
9	馬叔叔UNCLE MA	412,960	123,685
10	痘疤醫生-莊盈彥醫師	34,392	26,954
11	阿滴英文	1,007,055	1,057,152
12	SKimmy你的網路閨蜜	140,891	151,867
13	艾爾文	438,973	131,353
14	陳寗	49,455	960
15	白同學DiY教室	27,604	
16	八婆BESTIES	4,191	16,455
17	Chen Lily	33,664	297,542
18	阿淇博士Dr.Achi	11,619	4,896
19	Gooaye股癌	273,944	
20	English Island英語島雜誌	60,623	607,089

排名	KOL名稱	FB粉絲數	IG粉絲數
1	Charlene Liu查理	227,686	292,644
2	Natalie吳斐莉	385,439	324,361
3	林萱Shiuan	160,446	318,336
4	小咪林珮珊	496,807	218,057
5	一隻阿圓	168,340	445,653
6	Ines Wang	66,894	319,402
7	紀卜心Kimi	252,855	881,016
8	Sena曾玄玄	255,064	433,163
9	Hello Catie	336,856	462,426
10	短今Sammie	338,344	187,854
11	巫苡萱	394,278	744,510
12	Fairy雨濛	79,513	615,935
13	Nina曹婕妤	369,061	552,857
14	優寶cawaiiun	38,310	376,143
15	卡特Kart	7,971	147,226
16	江老師	94,243	80,996
17	森田	301,407	214,846
18	丘涵Joanne	25,426	914,385
19	Jessica蔡昀潔	131,369	383,521
20	林萱瑜	548,929	338,079

七十八、台灣旅遊網紅排行榜（前20名）

排名	KOL名稱	活躍平台	總粉絲數
1	嘎嫂二伯	FB、IG、YT	1,856,590
2	莫莉Molly	FB、IG、YT	1,155,729
3	紀卜心Kimi	FB、IG、YT	1,232,171
4	GINA HELLO!	FB、IG、YT	1,884,632
5	Charlene Liu查理	FB、IG、YT	1,052,330
6	Natalie吳斐莉	FB、IG、YT	922,800
7	一隻阿圓	FB、IG、YT	1,306,993
8	HOOK	FB、IG、YT	1,404,941
9	Nina曹婕妤	FB、IG、YT	957,218
10	波蘭女孩×台灣男孩在家環遊世界	FB、IG、YT	427,830
11	強運少女日本日記RU in Japan /	FB、IG、YT	441,305
12	唐葳Weiwei	FB、IG、YT	748,735
13	台灣妞韓國媳	FB、IG、YT	1,093,916
14	李花小發發	IG	418,644
15	魏華萱	FB、IG	378,765
16	鳥先生&鳥夫人	FB、IG、YT	411,711
17	丘涵Joanne	FB、IG	939,811
18	Jessica蔡昀潔	FB、IG、YT	535,290
19	妍安Ann	FB、IG、YT	617,954
20	KEOKI BLACK布萊克薛薛	FB、IG、YT	883,925

排名	KOL名稱	活躍平台	總粉絲數
1	Joeman	FB、IG、YT	3,073,557
2	重車日誌-教士	FB、IG、YT	297,203
3	啾啾鞋	FB、IG、YT	1,743,648
4	電獺少女-女孩的科技日常	FB、IG、YT	1,410,501
5	3cTim哥生活的日常	FB、IG、YT	814,705
6	Linzin阿哲	FB、IG、YT	410,211
7	Men's Game玩物誌	FB、IG、YT	592,742
8	iPhone瘋先生	FB、IG、YT	402,775
9	電腦王阿達	FB、IG、YT	473,496
10	Huan	FB、YT	437,411
11	雲爸的3c學園	FB、YT	269,648
12	盛夏微涼Ryo.	FB、IG、YT	292,254
13	羅火花	FB、YT	137,959
14	謝名振	FB、IG	379,579
15	就是教不落-阿湯	FB、YT	331,748
16	六指淵Huber	FB、IG、YT	776,818
17	陳寗	FB、IG、YT	365,415
18	蘋果爹	FB、IG、YT	246,476
19	Fotobeginner	FB、IG、YT	1,037,636
20	癮科技COOL3C	FB、IG、YT	348,119

八十、台灣運動健身網紅排行榜（前20名）

排名	KOL名稱	活躍平台	總粉絲數
1	飆捍	FB、IG、YT	3,293,977
2	May Liu	IG、YT	750,914
3	魏華萱	FB、IG	378,765
4	李恩菲×菲菲	FB、IG	281,437
5	健人蓋伊	FB、IG、YT	1,046,825
6	PEETA葛格	FB、IG、YT	1,005,905
7	Jessica蔡昀潔	FB、IG、YT	535,290
8	Nicole妮可 楊昀蓁	FB、IG	352,506
9	Candice Wang	FB、IG、YT	424,220
10	A力地方媽媽	FB、IG、YT	369,495
11	Emma艾瑪	FB、IG、YT	856,029
12	洗菜 籃球女孩	FB、IG、YT	571,839
13	Esther	FB、IG、YT	719,589
14	粿	FB、IG	521,967
15	陳彥博Tommy Chen	FB、IG	345,628
16	藍靖玟	FB、IG、YT	378,627
17	大H 陳建昕	FB、IG、YT	418,714
18	Iron Man	FB、IG、YT	276,678
19	KosmoFit	FB、IG、YT	509,034
20	筋肉媽媽	FB、IG、YT	378,750

動動腦：

　　台灣各領域的網紅隨著時間訂閱人數會有變動，試著查查看，現在熱門排行前10名都有誰呢？

Chapter 2

網紅團購與直播導購綜述

一、網紅團購為何夯起來的六大原因

網紅團購近幾年來，為何夯起來，主要有下列六大原因：

（一）能有效為品牌廠商帶來業績

網紅團購已被證實能夠有效的為品牌廠商帶來業績，也是有效的行銷通路管道之一。

（二）因有分潤獎金，吸引大批網紅投入

網紅團購因有可觀的分潤獎金，因此能吸引大批的KOL／KOC投入在此領域，大家並能不斷的精進，形成良好循環。

（三）消費者也得到優惠折扣好處

網紅團購的推動，對消費者或粉絲群來說，也能得到團購產品的打折優惠好處。

（四）帶來新顧客

網紅團購也會為品牌廠商帶來新顧客，使企業增加新的生命力量，這些新顧客指的就是這些KOL／KOC的忠實粉絲們。

（五）粉絲信任KOL／KOC所推薦產品

網紅團購能夠成功及普及，最大因素之一就是，這些網紅的忠實粉絲們信任他（她）們的KOL或KOC的貼文及影片所致。

（六）團購比純打品牌曝光更有實際成效

品牌廠商近年來也發現，現在的團購比過去找網紅做品牌曝光的成效更實際與有效，畢竟廠商最後要的仍是銷售業績。

網紅團購為何夯起來的6大原因

1. 能有效為品牌廠商帶來業績	2. 因有分潤獎金，吸引大批網紅投入	3. 消費者也得到打折優惠的好處
4. 能帶來新顧客	5. 粉絲信任KOL／KOC所推薦的產品	6. 團購比純打品牌曝光更有實際成效

二、網紅團購成功八項祕訣

網紅團購已愈來愈多，成為網紅行銷的主流趨勢之一，下列是網紅團購成功的八項要點祕訣：

（一）促銷優惠誘因要足夠

網紅團購要成功的祕訣之一，就是要有充分且吸引人的促銷優惠誘因；例如：全面八折、全面六折、買一送一、滿千送百、百萬大抽獎、滿額贈等作法出來。

（二）飢餓行銷

網紅團購儘可能採用「限時」、「限量」、「限價」來搶攻粉絲消費的飢餓行銷方式，以刺激搶購心態。

（三）合適的品類及品項

網紅團購的品類，較適合的品類，包括：美食、穿搭、旅遊、小家電、彩妝／保養、保健品、運動……等。比較不適合的品類有：汽車、機車、預售屋、手機、手遊、大家電、藥品等。

（四）配合節慶時刻較佳

網紅團購的時間點，最好是搭配各節慶時刻，會有比較強的購買心情。例如：母親節、過年春節、中秋節、聖誕節、元宵節、端午節、爸爸節、年底週年慶等重大節慶時刻為佳。

（五）找到有經驗、有成效的KOL／KOC來做

另一個成功祕訣，就是要找到有經驗、有成效的KOL／KOC來配合比較容易成功。現在，市面上有不少專做團購的知名網紅，找他（她）們做比較會有成效。

（六）給予較高的分潤比率

品牌廠商應該給予團購網紅較高的分潤比率，才更能吸引他（她）更用心寫出團購貼文或製作團購影片，達成最好的訂購成效。

（七）找多位**KOL／KOC**同步進行，比較誰賣得好

另外，團購時，也可找多位KOL／KOC同步進行，可以比較哪些人賣得比較好，以後可以找這些人做團購配合。

（八）團購與直播並進，看哪個效果較好

品牌廠商也可以同時採用團購貼文及直播導購模式，比較看看哪個效果較佳，日後再決定多用哪種方式。

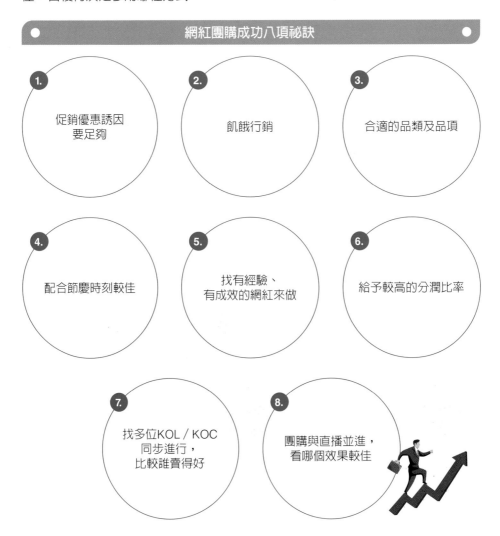

網紅團購成功八項祕訣

1. 促銷優惠誘因要足夠

2. 飢餓行銷

3. 合適的品類及品項

4. 配合節慶時刻較佳

5. 找有經驗、有成效的網紅來做

6. 給予較高的分潤比率

7. 找多位KOL／KOC同步進行，比較誰賣得好

8. 團購與直播並進，看哪個效果較佳

三、網紅團購賣得好的祕訣

到底KOL／KOC團購，如何才能賣得好的祕訣，有以下幾點：

（一）誠實

KOL／KOC網紅團購賣得好的首要關鍵，即要誠實，亦即不能欺騙粉絲們；要以誠實取得粉絲們的信任。

（二）挑選出好產品，自己親身使用過

網紅做團購必須認真挑選及試用每個業配商品，要有好商品才接案；另外，自己必須親身使用過或試用過。再來，這些團購產品也必須是粉絲們有需求性的日常生活用品。

（三）價格高CP值感且有促銷優惠

再來，KOL／KOC團購的產品價格必須合宜且有高CP值感，另外，再加促銷優惠搭配，那就更具吸引誘因了。

（四）KOL／KOC必須建立起自己的好口碑

網紅團購要賣得好，最後一個注意點，就是這些KOL／KOC必須建立起他（她）們在粉絲心目中的這方面的好口碑才行。

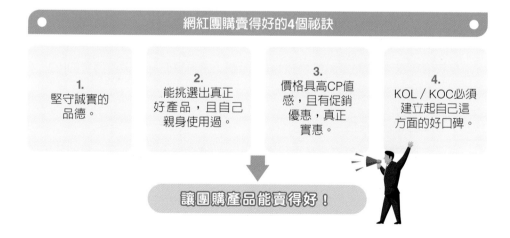

網紅團購賣得好的4個祕訣

1.
堅守誠實的
品德。

2.
能挑選出真正
好產品，且自己
親身使用過。

3.
價格具高CP值
感，且有促銷
優惠，真正
實惠。

4.
KOL／KOC必須
建立起自己這
方面的好口碑。

讓團購產品能賣得好！

四、品牌廠商推動KOL／KOC「直播導購」成功八項注意事項

品牌廠商在推動KOL／KOC直播導購（帶貨）成功的8個注意事項如下：

（一）確立直播目標

先確定本次商品直播的目標；包括：銷售額、觀看人數、轉換率、點讚數等。

（二）做好人員安排

對人員的具體安排，包括：主播（主持人）、助理及後台客服人員分工任務。例如：

- 主播（主持人）：負責產品介紹及優惠說明。
- 助理：現場互動。
- 後台客服：與粉絲溝通。

（三）固定直播時間

儘可能固定每週直播時間，才能吸引固定收看的粉絲們。

（四）確定直播主題及產品賣點與特色

要對此週／此次直播的主題及產品的賣點與特色做好充分準備、說詞、手板、畫面大標題等呈現較使人看清楚。

（五）尋找最有直播經驗與最適當的KOL／KOC來主持

品牌廠商要努力尋找及洽談好對直播導購／帶貨最有經驗與最適合的KOL／KOC，才是此專案成功的最大保證。

（六）具吸引人的價格

直播導購的進行，當然，在產品價格上，必須能使人眼睛為之一亮的驚艷價格出來才行。

（七）搭配優惠活動

除了價格漂亮之外，若能再加上促銷優惠活動上去，那就更使人產生心動想訂購了。

（八）規劃好整個完整直播流程表（run-down表）

最後一項，就是直播之前，要先規劃好這個小時的完整直播流程表（run-down表），以使整個直播節奏非常順暢、自然與成功。

品牌廠商推動KOL／KOC「直播導購」成功八項注意事項

1. 確立直播目標／任務

2. 做好人員安排

3. 固定直播時間

4. 確定直播主題及產品賣點及特色

5. 尋找最有直播經驗與最適當的KOL／KOC來主持

6. 具吸引人的漂亮價格

7. 搭配優惠促銷活動

8. 規劃好整個完整直播流程表

成功的KOL／KOC直播導購／帶貨！

五、高效帶貨網紅挑選3要點

品牌廠商對於如何挑選出具有高效帶貨網紅的3項要點：

（一）網紅本身就是品牌或產品的愛好者。

（二）要先篩選出互動率高且高品質的網紅。

（三）要找到曾經開過團購或直播成效佳的實戰型網紅合作。

符合上面3要點的，就是「黃金帶貨網紅」，他（她）們非常搶手，合作費用或分潤比率也不低。

高效帶貨網紅挑選3要點

1.
網紅本身就是
該品牌或該產品的
愛好者。

2.
要先篩選出
互動率高且高品質
的網紅。

3.
要找到曾經開過
團購或直播成效佳的
實戰型網紅合作。

能創造高帶貨、高業績的真正成效出來！

六、網紅團購的抽成分潤方式

KOL／KOC團購的案例，已有愈來愈多趨勢，顯示其具有一定的成效。

那麼，網紅團購的抽成分潤方式有哪些呢？主要有兩種，如下：

（一）依銷售額分潤

這是最常見的抽成分潤方式，也就是依團購成果的總銷售額，乘上一定比率，即為KOL／KOC的分潤所得。

目前，市面上的分潤比率，大多在15％～25％之間；再高，恐會使品牌廠商不好賺錢。

而此種依銷售額給予分潤的作法，又可細分為兩種：第一種是階梯式比率；例如：

- 銷售額10萬元以內：抽15％分潤；
- 銷售額10～30萬元：抽20％分潤；
- 銷售額30萬元以上：抽25％分潤。

第二種是固定比率法；亦即，不管賣多少銷售額都是固定比率，而不是階梯式比率。

（二）保底費＋分潤

在KOL／KOC團購中，也有少數情況，是採用：保底費＋分潤。此即，品牌廠商給予KOL／KOC一筆保底固定費＋分潤費。例如：這筆保底固定費可能是在1～5萬元，其他則是按銷售額而分潤。

KOL／KOC團購抽成分潤二種方法

1. 依銷售額多少，而給予分潤比率 （大約在15～25％）。	或	2. 固定保底費＋分潤收入。

KOL／KOC網紅團購的收入模式！

七、品牌廠商與KOL／KOC合作開團購6步驟

品牌廠商想要透過KOL／KOC合作開團購，計有6個步驟，如下：

（一）思考產品是否適合開團

有些產品適合網紅團購，但有些產品則不適合，例如高價的汽車、機車、名牌精品、藥品、珠寶、鑽石……等產品就不適合網紅團購。

（二）思考團購的折扣優惠及時間點

品牌廠商必須再思考此次的網紅團購應給予多少折扣優惠才有吸引力？以及最適當時間點在何時？例如：是否搭配品牌廠商的週年慶或媽媽節或女人節或春節或爸爸節或情人節或雙11節或中秋節等節慶時間點為宜。

（三）選擇及洽談合適的KOL／KOC對象，是一人或多人

品牌廠商要去搜尋合適的KOL／KOC對象一人或多人，並邀約見面討論合作內容及完成細節。

（四）展開團購貼文撰寫或影片製作

與這些KOL／KOC討論洽商完成及簽約之後，即可進入正式製作執行期。

（五）將貼文／影片上線、上架

接著，在完成團購貼文及影片製作，並經品牌端審查無問題之後，這些KOL／KOC即可將創作上線／上架到他（她）們習慣的社群平台上去，包括：FB、IG、YT、Line、TikTok、部落格等。

（六）觀察並檢討訂單銷售狀況，以做為下次改進參考

最後，展開觀察線上團購訂單狀況，加以檢討，做為下次改進參考。

品牌廠商與KOL／KOC合作開團購6步驟

 思考產品是否適合開團

2 思考團購的折扣優惠及時間點

3 選擇及洽談合適的KOL／KOC對象，
以及是1人或多人

4 展開團購貼文撰寫或影片製作

5. 將貼文／影片上線、上架

6 觀察並檢討訂單銷售狀況，
以及做為下次改進參考

八、業配與團購的差別性

就實務來說，網紅業配與網紅團購，這兩者間，仍有一些差別性，如下述：

（一）網紅業配

這是指合作的KOL／KOC們，只收到貼文費收入或影片費收入；不管品牌廠商賣好或賣壞，都只拿這固定費用，但無拆帳分潤收入。早期的網紅業配，都是指這些合作模式，此種合作貼文或合作影片，都是為了提高廠商的品牌曝光度及知名度為最大目的。

（二）網紅團購

網紅團購模式，是與網紅業配有差異的；即：網紅團購會使合作的KOL／KOC們能拿到此波團購活動所產生銷售額的某百分比，做為KOL／KOC的拆帳分潤收入。此分潤比率，大概在團購銷售額的15～25%之間。

網紅業配與網紅團購的差別性

1.網紅業配

(1) 目的：提升業配產品的品牌力。
(2) 收入：網紅拿到固定的一筆貼文收入或影片收入。

2.網紅團購

(1) 目的：促進具體銷售業績。
(2) 收入：享有銷售額15～25%的分潤收入。

九、網紅團購的10大熱門品類

　　根據「KOL Radar」網紅代操公司的數據統計顯示，國內在網紅團購貼文的呈現上，主要有以下10大熱門品類：

　　（一）美食／食品類

　　（二）穿搭（服飾／女鞋）類

　　（三）彩妝／美妝／保養品類

　　（四）教學／知識類

　　（五）廚房／居家用品類

　　（六）家電／3C用品類

　　（七）保健食品類（中年／老年人需求）

　　（八）運動／戶外用品類

　　（九）親子（母嬰）用品類

　　（十）旅遊類

十、AsiaKOL調查：2024年全台帶貨分潤 KOL調查報告

根據國內知名的「AsiaKOL」公司的調查報告，顯示如下：

（一）2024年台灣帶貨分潤KOL前20名排行

排名	KOL名稱	活躍平台	領域類型	總粉絲數
1	林嘉凌 薔薔	FB、IG、YT	時尚潮流，旅遊，帶貨分潤	1,680,249
2	聖凱師	FB、IG、YT	美食料理，帶貨分潤	1,819,593
3	伊萊Elijah Kewley池東澤	FB、IG、YT	家庭母嬰，帶貨分潤	466,051
4	Zora陳思穎	FB、IG、YT	時尚潮流，旅遊，帶貨分潤	936,982
5	林襄	FB、IG	美妝保養，時尚潮流，帶貨分潤	2,412,490
6	小貓Rui	FB、IG、YT	時尚潮流，家庭母嬰，帶貨分潤	371,362
7	QQmei	FB、IG	家庭母嬰，帶貨分潤	815,694
8	I am ΓiΓi	ΓB、IG	美妝保養，時尚潮流，帶貨分潤	319,539
9	金老佛爺	FB、IG、YT	美妝保養，旅遊，帶貨分潤	678,234
10	蘿潔塔的廚房	FB、IG、YT	美食料理，帶貨分潤	2,810,995
11	Ines Wang	FB、IG	美妝保養，時尚潮流，帶貨分潤	420,211
12	柯以柔	FB、IG	帶貨分潤	766,599
13	聖小柔	FB、IG、YT	美妝保養，家庭母嬰，帶貨分潤	202,048
14	台灣妞韓國媳	FB、IG、YT	美妝保養，旅遊，帶貨分潤	1,199,411
15	Nikki	IG	美妝保養，旅遊，帶貨分潤	365,125
16	陳子玄	FB、IG	帶貨分潤	709,048
17	CACA-卡卡兒	FB、IG	時尚潮流，表演藝術，帶貨分潤	612,106
18	村子裡的凱莉哥	FB、IG、YT	旅遊，家庭母嬰，帶貨分潤	360,164
19	阿嬌生活廚房lifekitchen	FB、YT	帶貨分潤	498,151
20	彼得爸與蘇珊媽	FB、IG、YT	旅遊，家庭母嬰，帶貨分潤	693,190

（二）帶貨分潤KOL領域類型：2024更多母嬰、時尚團購主名列前茅

分析2024年TOP50帶貨分潤KOL，可以發現榜上的KOL以分享家庭母嬰、時尚潮流、美妝保養、料理美食以及旅遊領域為多數。相較於2023年的名單以旅遊類型的KOL為最多數，今年有更多母嬰類的KOL名列前茅，母嬰品牌需求大增，

粉絲們也越來越多透過團購購買母嬰類商品。此外，這些帶貨KOL的分享領域基本上都與生活息息相關，KOL以其生活經驗、圍繞著其經營屬性做分享推薦，更能激發粉絲的購買慾望。

（三）帶貨分潤KOL社群經營分布：FB／IG短影音、限時動態導購為主

TOP50帶貨分潤KOL中，幾乎每一位都有經營FB及IG平台，而YouTube則只有大約五成的KOL經營。YT長影片的紅利逐漸流失，在短影音崛起後，較無流量優勢，帶貨分潤KOL多以貼文、短影音的形式置入團購連結，搭配IG限時動態發布，效果更佳。

（四）2023年：帶貨分潤KOL前20名排行

排名	KOL名稱	活躍平台	領域類型	總粉絲數
1	Ines Wang	FB、IG	美妝保養，時尚潮流，帶貨分潤	386,296
2	伊萊Elijah Kewley池東澤	FB、IG	家庭母嬰，帶貨分潤	406,791
3	QQmei	FB、IG	家庭母嬰，帶貨分潤	793,858
4	May Liu	FB、IG、YT	運動健身，帶貨分潤	761,914
5	Fairy禹霏	FB、IG	時尚潮流，運動健身，帶貨分潤	695,448
6	上發條俱樂部	FB、IG、YT	家庭母嬰，寵物，帶貨分潤	420,362
7	大象發福廚房	FB、IG	美食料理，帶貨分潤	345,088
8	台灣妞韓國媳	FB、IG、YT	美妝保養，旅遊，帶貨分潤	1,093,916
9	李花小發發	FB、IG	時尚潮流，旅遊，帶貨分潤	988,644
10	鳥先生&鳥夫人	FB、IG、YT	旅遊，家庭母嬰，帶貨分潤	411,711
11	Zora陳思穎	FB、IG	時尚潮流，旅遊，帶貨分潤	351,742
12	Nikki	FB、IG	美妝保養，旅遊，帶貨分潤	346,056
13	Amyの私人廚房	FB、IG	美食料理，帶貨分潤	1,411,134
14	陳斯亞	FB、IG、YT	美妝保養，時尚潮流，帶貨分潤	903,683
15	蘿潔塔的廚房	FB、IG、YT	美食料理，帶貨分潤	2,098,974
16	彼得爸與蘇珊媽	FB、IG、YT	旅遊，家庭母嬰，帶貨分潤	509,303
17	金老佛爺	FB、IG	美妝保養，旅遊，帶貨分潤	582,492
18	村子裡的凱莉哥	FB、IG、YT	旅遊，家庭母嬰，帶貨分潤	350,689
19	林襄	FB、IG	美妝保養，時尚潮流，帶貨分潤	1,502,999
20	閃亮亮Iris	FB、IG	美妝保養，旅遊，帶貨分潤	1,436,928

十一、網紅直播導購三大優勢

（一）即時互動、即時下單

　　直播與一般影音最大的差別是直播具有「即時性」，觀眾可即時與網紅互動，同時提出自己對產品的相關疑惑並立即獲得解答，有助於品牌增加流量轉換。而直播也讓線上購物的流程更加簡化，以Instagram為例，品牌可在直播中標註產品，讓消費者直接點擊產品標籤購買或儲存產品，省去至官網找尋特定商品的時間，簡化消費者購物流程，有效降低消費者購物門檻。

（二）真實呈現產品，培養品牌信任感

　　「信任感」一直是影響轉單成效的關鍵。在直播的過程中，品牌可以透過KOL的推薦，完整展示商品的使用方式與功能，比起只使用圖片呈現更加真實且具有說服力。除此之外，消費者基於長期追隨網紅而培養起的信任，也更願意相信其推薦的品牌及商品，有助於加速轉單成效。

（三）娛樂性高，吸引粉絲目光

　　相較於圖片素材，「直播」在行銷內容的設計上有更多發揮空間，KOL與粉絲的互動也能創造出許多火花。因此，網紅可針對不同的直播主題或產品類型設計有趣的內容或活動，例如設置抽獎、有獎徵答等環節，提高觀眾參與度的同時也提升產品討論度與記憶點！

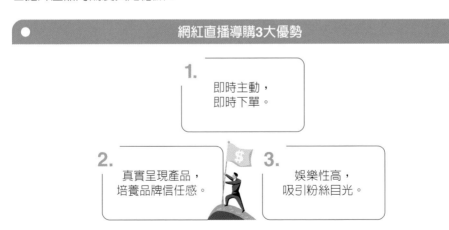

網紅直播導購3大優勢

1.
即時主動，
即時下單。

2.
真實呈現產品，
培養品牌信任感。

3.
娛樂性高，
吸引粉絲目光。

十二、「美賣」網紅電商平台概述

（一）公司簡介

「美賣」（meimaii）是新型態的網紅電商，提供一站式服務，包括：選品、金流、出貨及顧客服務，與網紅攜手合作，一同打造網紅經濟的共榮生態圈，成為KOL網紅創業的最佳合作夥伴。美賣公司的一條龍服務，從媒合到出貨，讓用戶、網紅、品牌商可以專注於品牌發展。美賣公司於2023年1月正式登上興櫃，預計2025～2026年轉上櫃公司；目前，成立6年來，累積會員人數已破43萬人，年營收額突破6億元。

（二）網紅人數

目前與平台合作的網紅及團購主，已超過600位之多。

（三）主力銷售產品

主力銷售產品為：

1. 美容保養品
2. 家電產品
3. 美食零嘴產品
4. 居家用品／廚具用品
5. 生活戶外運動用品
6. 科技3C產品
7. 母嬰親子產品

（四）對品牌廠商好處

品牌廠商在美賣電商平台出現，有幾點好處：

1. 品牌曝光，帶來品牌的廣告宣傳效益。
2. 可帶來實質的銷售收入。
3. 可在網路上塑造良好口碑。
4. 品牌廠商可以快速找到美賣電商平台上合適的KOL；讓「對的人賣對的貨，才能創造好的銷售成績」。

（五）商品供貨商

目前，在美賣電商平台上的商品供貨商已超過500多家。

（六）美賣電商平台媒體「品牌商」與「KOL」的3個策略

〈策略1〉：

根據企業產品類型，從後台資料庫篩選出相同類型的KOL；例如：廠商是嬰兒用品的，就找親子類KOL。

〈策略2〉：

找出曾經銷售過同類商品的KOL，並從電商銷售平台為網紅們打造後台管理系統，每位網紅在開團購時，可直接在後台查詢粉絲的交易紀錄、廠商的進出貨紀錄，下單的粉絲有問題時，都可以馬上得到答覆。而網紅可以將推薦文、團購訊息全都導向這個平台下訂，每賣一件商品，美賣及品牌廠商就可以分潤，美賣平台大約可以分潤到商品差價的10～20%，網紅也可以分到10～20%。

〈策略3〉：

找到曾經銷售過互補型商品的KOL。

（七）修正及改良以前網紅業配的商業模式

1. 以往常見的網紅業配文，是品牌廠商撥一筆預算，請網紅寫推薦貼文或拍影片，附上銷售連結，但不附帶銷售保證，更不需要一一回覆粉絲的疑問，結果可能創造高的瀏覽量，但卻不一定有好的訂單銷售。

2. 而美賣電商平台的作法，就是把品牌端及網紅的需求連結起來，成為中介的系統平台。美賣為網紅打造後台管理系統，網紅在開團購時，可在後台查詢粉絲交易、廠商進出貨紀錄，下單的粉絲可立即得到回覆。

3. 為了做大網紅電商的生意，美賣公司也會一邊尋找特惠產品，放入自家系統，供合作網紅參考；如果網紅願意寫導購文，就可以自己上架，得到個人銷售狀況找出最適合、最契合合作的KOL。美賣平台更會主動挑選適合的網紅，說服他（她）們推薦某些商品，並提供導購文的企劃方向，事後還會一起分析銷售結果，評估是否有哪些內容呈現可以加強。

4. 網紅電商的顧客是跟著人走，必須把人（即網紅）放在前面，商品擺在後面。所以，「網紅」＋「電商」，更精準的人貨匹配。

「美賣」網紅電商平台經營模式

600位KOL網紅	→	「美賣」網紅電商平台	←	500家品牌廠商
分潤比率 10～20%		分潤比率 10～20%		• 毛利率30～40% • 獲利率5～15%

廣大網紅粉絲們及消費者

下訂購單

物流出貨

消費者家中、超商取貨

十三、網紅團購的3大地雷

網紅團購也存在著3大地雷要特別注意：

（一）有些知名**KOL**，同時開團太多，太具商業化，失去原有社群特色及
　　　風格，致使忠實粉絲流失了。

（二）無實際商品使用過程與心得：

　　　有些KOL／KOC並未自己親身使用過團購商品，無法使粉絲們信服。

（三）過度吹捧：

　　　有些KOL／KOC則過度誇大團購產品的功能、功效，以致觸犯法律規定；例
如：藥品、醫美品、保健食品等。

網紅團購的3大地雷

1.

團購（開團）太多，
招致負面聲量。

2.

無實際商品
親身使用，
無法說服粉絲。

3.

對團購商品
過度吹捧。

Chapter **3**

台灣網紅行銷最新趨勢報告

一、跨國AI公司iKala的網紅趨勢報告

根據國內知名的網紅行銷公司KOL Radar（iKala公司），針對台灣在FB及IG兩大社群平台的資料搜集與分析，獲致「2023年網紅行銷最新趨勢報告」內容，茲加以整理與歸納，重點摘要如下：

（一）台灣網紅行銷廣告金額：達**78億元**

台灣近三年，由各品牌廠商投放預算在網紅行銷操作的金額，從2020年的35億元，快速成長到2021年的64億元及2022年的78億元，成長幅度驚人，顯示出KOL／KOC網紅行銷操作與投入，是絕大部分品牌廠商必做的行銷方式與途徑之一，也顯示它的十足重要性。

（二）**KOL／KOC經營社群占比**

根據KOL Radar公司的統計顯示，KOL／KOC在經營社群的占比，大致如下：

1. IG網紅：占53%，居最多。
2. FB網紅：占20%，居第二。
3. YT網紅：占10%，居第三。

另外，若以性別來看，占比如下：

1. 女性：占58%
2. 男性：占40%
3. 團體：占2%

從上述數字中顯示，IG型的網紅人數占最多，幾乎一半以上；其中，又以女性居多一些。

KOL／KOC經營社群占比

IG網紅	FB網紅	YT網紅
• 占53%	• 占20%	• 占10%

（三）微網紅（**KOC**）人數激增，達14萬人之多

根據統計，粉絲人數在1萬人以內的微網紅（即KOC），2022年比2021年更加大幅增加，到2022年止，社群平台上微網紅人數已突破14萬人之多，其占比如下：

1. IG微網紅：約12萬人

2. FB微網紅：約1萬人

3. YT微網紅：約1萬人

上述顯示，在IG社群媒體上的微網紅最多，高達近12萬人之多。

茲以IG為例，各級距的網紅人數，如下表：

級距	網紅人數	級距	網紅人數
1萬人粉絲以內	12萬人	10萬～30萬人粉絲	2,000人
1萬～3萬人粉絲	1.7萬人	30萬～50萬人粉絲	280人
3萬～5萬人粉絲	3,400人	50萬～100萬人粉絲	170人
5萬～10萬人粉絲	2,700人	100萬人以上粉絲	75人

（四）網紅與粉絲的社群平台平均互動率

根據統計，台灣三大社群平台 KOL 的粉絲互動率，如下：

1. FB：約1%。

2. IG：約2.8%（但KOC微網紅互動率可達4%）。

3. YT：平均觀看率約27%。

（五）網紅社群內容主題種類（主題標籤**Hashtags**）

根據統計，在兩大社群平台上（FB及IG）的貼文主題種類，依排名順序如下：

1. 美食	2. 穿搭	3. 攝影	4. 旅遊	5. 運動
6. 音樂	7. 占卜	8. 感情	9. 保養	10. 教學
11. 寵物	12. 影視	13. 親子	14. 校園	15. 彩妝
16. 3C	17. 醫療	18. 團購	19. 時尚	20. 財經
21. 遊戲	22. 法律			

台灣最多KOL經營的主題種類前10名

1. 美食	2. 攝影	3. 穿搭	4. 保養	5. 運動
6. 旅遊	7. 音樂	8. 感情	9. 彩妝	10. 教學

（六）兩大社群平台「業配貼文」趨勢

根據KOL Radar的統計資料顯示，在2021年度，全部「業配貼文」總則數達到363萬則，2022年度，更高達400萬則，兩年合計業配貼文達763萬則之多，十分熱烈。

而在這麼多業配貼文中，屬於：

1. FB業配貼文：占47%
2. IG業配貼文：占25%
3. YT業配貼文：（未列入統計）

（七）業配貼文平均互動率

而在這些業配貼文的平均互動率，如下：

1. FB：平均互動率1.1%
2. IG：平均互動率2.8%（而且IG在1萬人粉絲內的KOC互動率提高到4%）

上述顯示，IG的業配貼文互動率，較FB為佳。

（八）兩大社群平台業配貼文內容種類

2022年度，根據統計，在兩大社群平台業配貼文幾百萬則之中，排名如下：

前20名的貼文類型			
1.美食	2.穿搭	3.旅遊	4.保養
5.運動	6.影視	7.音樂	8.教學
9.占卜	10.校園	11.親子	12.感情
13.寵物	14.3C	15.社會議題	16.醫療
17.團購	18.彩妝	19.法律	20.遊戲

（九）業配貼文的時間點

根據統計，業配貼文的最常見時間，分別為：

1. 午休時間（中午12:00～下午1:00）

2. 晚上時間（晚上8:00～10:00）

這兩個黃金時間點，是一般人較常去看網紅們的業配貼文。

（十）前10名促購聲量王

根據下列三項指標：

1. 全台粉絲數

2. 業配貼文數

3. 互動數

KOL Radar公司統計出在業配促購的前10名聲量的KOL，如下：

1. 瑪菲斯

2. 蔡阿嘎

3. 料理123

4. Rice & Shine

5. 486先生

6. 那對夫妻

7. 莫莉

8. YGT樂

9. 嘎嫂二伯

10. 欸你這週要幹嘛

（十一）FB及IG業配文前3名

而在FB及IG業配聲量的年度前3名，分別為：

1. FB前3名：

   (1) 謝京穎Orange

   (2) 小施（小施汽車商行）

   (3) 凱莉（Kaili）

2. IG前3名：

   (1) Sarah Hsiao

   (2) Julia

   (3) 樂冠廷

（十二）業配貼文的各熱門檔期

根據統計，業配貼文出現在各熱門節慶檔期時間點，依序如下：

1. 聖誕節
2. 雙11節
3. 情人節
4. 母親節
5. 中秋節
6. 週年慶
7. 雙12節
8. 春節（過牛）
9. 七夕節

業配貼文的各熱門檔期		
1.聖誕節	2.雙11節	3.情人節
4.母親節	5.中秋節	6.週年慶
7.雙12節	8.春節	9.七夕節

（十三）三大社群平台的最新重點發展方向

KOL Radar公司在調查報告的最後，指出2023年度三大社群平台的最新重點發展方向，如下6點：

1. IG：拓展短影音市場

由於「IG Reels」的應用出現，使得在IG上，以15秒～60秒短影音呈現的業配貼文及一般貼文應用量增多了。

此亦顯示，短影音貼文遠較過去的圖文貼文更加吸引人觀看。

2. YT：影音導購變現功能

在2023年，在YouTube上面的兩大重點發展方向，是：

(1) 影片購物功能。

(2) Shorts短影音變現機制。

上述顯示品牌廠商愈來愈多運用KOL／KOC在YT、IG、FB上，使用短影音購物下單的方向，亦即，轉向以「業績目標」為主的KOL／KOC運用方向走去。

3. 網紅變現新模式：線上募資

例如：愛莉莎莎推出「自媒體銷售學」線上課程。

4. 網紅變現新模式：團購商機

(1) 由於團購可有抽成分潤，增加收入，因此，有愈來愈多KOL／KOC爭取團購貼文或團購短影片的呈現方式出現。

(2) 在2023年度，最多的團購貼文產品類型為：

A.美食團購。

B.保養品團購。

C.穿搭團購。

D.旅遊團購。

E.親子團購。

(3) 而女性顧客，在團購市場中，又占了75%之高。

(4) 另外，團購貼文市場吸引的是：25～34歲為主的年輕上班族。

(5) 而團購貼文的必要條件，就是該產品必須要有高度的折扣優惠及價格優惠才行。

5. KOL×超商聯名商品：

第5個發展重點，就是有更多的KOL與超商聯名推出生鮮品項；例如：滴妹、古娃娃、千千、金針菇、Joeman等，均曾與全家及統一超商合作聯名行銷，以創造話題及增加銷售。

而KOL也可以從超商銷售額中，得到分潤抽成。

6. 疫情解封，國外旅遊內容影片，在YT上大幅增加：

在2022年下半年，全球疫情解封後，台灣及全球旅遊市場回復，國內很多KOL／KOC也都大幅增加國外旅遊機會，而他（她）們將國外旅遊影片也上傳到YT頻道上面去的狀況，也愈來愈多，這方面的品牌合作機會將會增多。

3大社群平台的最新6大重點發展方向

1.IG：
拓展短影音市場

2.YT：
影音導購變現功能

3.網紅變現新模式：
線上募資

4.網紅變現新模式：
團購商機

5.KOL×超商聯名商品

6.疫情解封，
國外旅遊影片，
在YT上大幅增加

二、網紅行銷趨勢——Welly公司觀點

國內知名的Welly網紅行銷公司,提出對網紅行銷趨勢的5點看法,如下:

(一)品牌與網紅走向更長期合作

過去品牌廠商與網紅的合作,比較偏向單次的合作;現在則偏向更長期的合作與更深度的聯結。當然,這些能夠長期合作的網紅,都是品牌廠商經過多次合作且成效良好的優質網紅對象。

(二)受歡迎的短影音平台

近年來,崛起的3大短影音平台,包括:IG Reels、YT shorts及TikTok等,都將是KOL / KOC的兵家必爭新戰場及曝光的最好場所。

(三)網紅直播導購 / 帶貨成為新商機

現在,品牌廠商傾向與網紅合作的是團購及直播導購,這些都能帶來銷售成績,成為品牌廠商所迫切需要的合作模式。

(四)互動率高的KOL / KOC受到青睞

凡是互動率高的KOL / KOC都代表他(她)們與其粉絲具有忠誠度及信賴度,這些都是品牌廠商所要的KOL / KOC。

(五)消費者追求更真實體驗

消費者或粉絲們會更加信任KOL / KOC真正體驗過品牌廠商的產品及服務。

網紅行銷趨勢(Welly公司的看法)

① 品牌與網紅走向更長期合作	② 受歡迎的短影音平台	③ 網紅直播導購 / 帶貨成為新商機
④ 互動率高的KOL / KOC受到青睞	⑤ 消費者追求更真實體驗	

三、網紅行銷發展最新趨勢——AsiaKOL公司

根據國內知名的大型KOL／KOC經紀／媒合公司「AsiaKOL」亞洲達人通，全方位的KOL創意行銷公司，該公司整理出4點網紅行銷的最新趨勢，如下：

（一）短影片逐漸取代長影片：把握Reels流量紅利

短影音時代來臨，因應用戶習慣改變，長影片流量下滑，2023年許多資深YouTuber包含視網膜、阿神、這群人都宣布停更。微軟在2016年的報告中指出，人類的注意力僅剩下8秒，因此用戶越來越傾向於短時長、吸引人的內容，使得短影音影響力持續擴大。Instagram在2022年推出短影音Reels後，至今每月活躍用戶已達2.35億，且有超過九成的用戶每週都會觀看IG影片，Reels廣告可觸及人數更上看七億。

根據Statista的統計數據指出，2023年IG上Reels的平均互動數已經超越IG貼文。且Meta指出，透過AI推薦引擎優化，如今約有20%的動態牆內容是由AI推薦未曾追蹤的帳號內容，這有利於品牌接觸到未追蹤帳號的粉絲、讓更多人看見。品牌應把握IG Reels的流量紅利，觸及更多潛在受眾、提高轉換率。

（二）KOL流量變現：聯名、團購拓展更多合作機會

2023年可以說是KOL流量變現的全盛時期，許多KOL推出個人品牌、聯名商品、團購、教學課程等。尤其是KOL聯名，2023年就有數以十計的KOL聯名例子。根據AsiaKOL獨家資料庫顯示，2023年的KOL聯名商品以時尚、食品類居多，而聯名的KOL類型橫跨趣味搞笑、美食料理、美妝保養。2023年的KOL聯名成效斐然，品牌主透過KOL合作、異業合作，將產品重新包裝或推出新商品，以聯名的手法，拓展潛在客戶並提升品牌曝光，在市場中脫穎而出。2024年KOL聯名很可能仍是有利的策略之一，品牌可從中拓展更多的異業合作機會，打開商品知名度。

（三）粉絲分眾化：善用奈米網紅、KOC小社群影響力

過去一年，許多知名大型網紅的互動率大幅下降，社群媒體已走向分眾生態，而奈米網紅、KOC的互動率逐漸超越大型網紅，在小型社群中崛起。根據

Demandsage的統計資料顯示，一萬粉絲以下的IG Reels互動率高達3.74%至3.81%，大幅勝過一萬粉絲以上之KOL。微網紅當道，KOL合作型態轉變，因此品牌無需執著與大型網紅合作，也不宜只依據粉絲數來挑選網紅人選，因現在買粉相當容易，相較之下，社群互動率是更為精確的評估指標。AsiaKOL過去就曾協助恆隆行護脊椅品牌，透過微網紅行銷布局，讓產品成功在社群獲得廣大迴響。

（四）新型態KOL崛起：開創銀髮網紅、虛擬網紅市場

2023年比較特別的是新型態的KOL如銀髮網紅及虛擬網紅崛起，且影響力持續擴大。其中銀髮族KOL多半是從藝人轉型，或是家族中有人是自媒體經營者，帶領爸媽進軍網紅行列，因此，在商業合作上，不僅能觸及銀髮KOL自身年齡段的客群，也能打中年輕人消費者，年齡對比也容易激發消費者的好奇心。虛擬網紅的商機也不容忽視，根據The Influencer Marketing Factory過去針對超過1,000名美國人進行的調查中，發現65%的虛擬網紅追蹤者，都曾購買網紅介紹的產品。從上述兩種新型網紅趨勢中，建議品牌於2024年跳脫一定要找年輕網紅的迷思，根據商品屬性，挖掘新的合作型態、商機，拓展更大的市場。

網紅行銷發展最新趨勢（AsiaKOL亞洲達人通公司）

1
短影片逐漸取代長影片：
把握Reels流量紅利。

2
KOL流量變現：
聯名、團購拓展更多
合作機會。

3
粉絲分眾化：
善用奈米網紅、
KOC小社群影響力。

4
新型態KOL崛起：
開創銀髮網紅與
虛擬網紅市場。

四、網紅行銷最新8個趨勢──圈圈科技公司觀點

根據圈圈公司（網紅行銷媒合平台）的觀點，近年來網紅行銷的最新趨勢，可歸納如下圖示：

網紅行銷最新趨勢（圈圈科技公司觀點）

1.
微網紅（KOC）在網紅行銷的角色，日益重要。

2.
短影音風潮，持續延燒。

3.
品牌與KOL／KOC的合作，走向長期持續關係。

4.
網紅行銷需求與市場持續成長。

5.
網紅媒合平台興起。

6.
品牌應讓網紅發揮創意。

7.
貼文或影片內容愈真實，互動率愈好。

8.
促購／團購／直播導購的貼文及影片大幅成長。

Chapter 4

KOL／KOC最新轉向
趨勢：KOS銷售型網紅
操作大幅崛起

一、KOS的5種類型

近二、三年來,網紅行銷操作的模式,已大幅轉向「銷售型」(KOS, Key Opinion Sales)操作,也是一種「結果型」、「績效型」的操作目的。從實務來看,KOS操作的類型,主要有五種模式,如下:

(一)也就是一種貼文＋促銷活動連結網站的方式。

(二)團購型貼文／短影音

即是一種限時間、限期限的團購＋折扣的貼文或短影音呈現方式。

(三)直播導購／帶貨

即是一種直播型網紅在每週固定時段的直播＋下訂單帶貨的呈現方式。

(四)與實體百貨商場合作促銷帶貨

即是一種網紅與實體百貨公司合作,在某一層樓特賣會上,KOL或KOC本人會出現,以吸引其粉絲們前來實體百貨商場買東西的操作方式。

(五)與KOL合作推出聯名商品

即是便利商店與知名KOL合作,推出聯名鮮食便當或產品。

例如:全家與滴妹、古娃娃、千千、金針菇等網紅,合作推出鮮食便當。

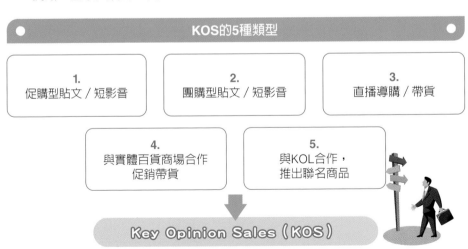

二、KOS操作的目的及效益：帶動業績力

KOL／KOC的行銷操作大幅轉向KOS操作的原因，主要是中大型品牌廠商認為：他們的品牌知名度／印象度已經很夠了，不需要再借助網紅來帶動「品牌力」，而是要帶動「業績力」。KOS操作的目的及效益有幾點：

（一）為業績銷售，帶來具體幫助。

（二）轉向「結果型」、「績效型」、「業績型」的網紅行銷操作，才是最有意義、最有效的行銷操作。

三、網紅行銷操作三階段：KOL→KOC→KOS

近五年來，網紅行銷的崛起及操作，大致可區分為三個階段，如下：

（一）第一階段：**KOL**階段

此階段，就是中大型KOL或YouTuber網紅崛起，品牌廠商與他（她）們合作貼文或短影音，主要目的是：推薦產品＋打造品牌知名度及印象度。此階段，以提升「品牌力」為目標。

（二）第二階段：**KOC**階段

第二階段，近二、三年來，粉絲數從3,000人～1萬人之間的KOC微網紅（素人網紅）大量出現，KOC總計人數已突破13萬人之多，而且他（她）們與粉絲們的信賴度、親和力、互動率則更高。因此，此階段品牌廠商就與數十位KOC一起合作，以「打造品牌力」＋「創造業績銷售」並重模式操作。

（三）第三階段：**KOS**階段

近一、二年來，不管是KOL或KOC，品牌廠商全都朝向與他（她）們合作，創造銷售業績為目標，即就是進入了KOS階段了。

KOL（大網紅） **KOC**（微網紅） **KOS**（銷售型網紅）

四、品牌廠商想要的3大目的／目標／效益

從實務操作上看，品牌廠商與各領域KOL／KOC合作的目的／目標，其實只有3項：

（一）打造／提升品牌力

包括提升品牌的高知名度、高印象度、高好感度及高信賴度。

（二）吸引新客群

各領域KOL或KOC，都有他（她）們吸引人的粉絲群們，這些人可能並不是本公司、本品牌的消費客群，如能透過KOL／KOC的推薦及折扣優惠，而能訂購本公司產品，那就是增加了本公司、本品牌的新的客群了，這也是重要的一點。

（三）創造銷售業績

最後一點，品牌廠商做了這麼多事情，其最終的一個目的，就是希望透過KOL／KOC的KOS操作，能有效為本公司及本品牌創造出每一波操作的銷售業績出來。

KOS銷售型網紅操作3大目標

1. 打造／提升品牌力

2. 吸引新客群

3. 創造銷售業績

五、KOS操作的「組合策略」

找網紅銷售的組合策略,主要可區分為3種;如下:

(一) KOL + KOL策略

即找2～5個大網紅,分別在不同領域、專業的大網紅,來操作KOS。

(二) KOL + KOC策略

即找一個大網紅,再搭配數十個(10個～50個)KOC微網紅,來操作KOS。

(三) KOC策略

即找數十個KOC微網紅,來操作KOS。

例如:

每一個KOC,可賣100個商品,乘上30個KOC,則當週就可賣3,000個商品;若乘上4週,則每個月就可以賣掉1.2萬個商品了。

品牌廠商在真正專案推動KOS（網紅銷售）時，應注意做好下列15個要點：

（一）找到對的KOL／KOC

做好KOS，第一個注意點，就是要找到對的、好的、契合的、有效果的、與粉絲互動率高、且有銷售經驗的KOL或KOC均可。

當然，有的KOL或KOC，是否會銷售，必須嘗試過後才知道；另外，有些KOL或KOC則已經很有銷售成果與經驗了，我們可以優先找這些對象試試看。

這一點，我們也可以找外面專業的網紅經紀公司協助，他們有比較豐富的KOL／KOC資料庫，可以較有效率去搜尋。

（二）親身使用，具見證效果

KOL／KOC進行KOS之前，一定要自己親身使用過，並覺得產品不錯，才能說出具有見證性、親身使用過的好效果出來；對此產品的功能、好處、優點、使用方法……等，都必須讓粉絲們有所感動，並認同網紅們的推薦及銷售，否則，會讓粉絲們覺得這只是一場商業性的推銷而已，而不會觸動他（她）們的訂購慾望及動機。

（三）足夠促銷優惠誘因

既然是KOS，那品牌廠商就必須提出足夠的折扣誘因或優惠誘因；例如：全面6折優惠價、全面買一送一、滿千送百、滿額贈禮（贈品五選一）、買二件五折算等，KOS若沒有足夠促銷真實誘因，恐是很難銷售的。

品牌廠商應有如此想法，即：不必在意第一次KOS，因促銷低價，沒賺錢或賺很少錢；而是應放眼在：如何增加新的潛在顧客群，以及他（她）們未來的第二次、第三次忠誠回購率的產生好效果。

如能達成這樣的目標，那麼第一次KOS沒賺錢就值得了。

（四）飢餓行銷

KOS的推動，必須仿效有些電商平台及電視購物業者，他們經常採取「限時」又「限量」的飢餓行銷模式，以觸動消費者內心趕快下訂的心理作用，而不要讓銷售檔期的時間拖太長、太久。

（五）搭配重要節慶、節令進行

推動KOS，最好能搭配國人所熟悉的節慶、節令進行；例如：週年慶、母親節（媽媽節）、春節、中秋節、爸爸節、女人節、兒童節、清明節、開學祭、中元節等；其銷售效果會更好一點，因為，此節慶期間，消費者的消費購買內心需求及動機，會比較高一些，有助KOS推動。

（六）貼文＋短影音並用

推動KOS，最好與合作的KOL／KOC對象，做好溝通，希望他（她）們儘可能採用「靜態貼文＋動態短影音」並用方式，以提高粉絲們有更多樣化的訊息接觸及感受。

（七）標題、文案、影音，必須吸引人看

推動KOS的貼文及影音，必須特別注意到：它們的主標題、副標題、文案內容、圖片及畫面影音等，均必須以能夠吸引人去看、而且看完、而且能產生共鳴、而且能觸動粉絲們的購買動機與慾望等為最高要求。

很多貼文或短影音，不能吸引人去看及看完，且看完後，沒有任何感覺，也沒有心動，那就是失敗的貼文及失敗的短影音，整個KOS也會失敗的。

（八）給予高的分潤拆帳比例

品牌廠商對於KOL／KOC在進行KOS時，必須注意到，公司應儘可能給KOL／KOC更高的分潤拆帳比例，以更激勵他（她）們更盡心盡力去撰寫貼文及製作短影音。

一般業界實務上的分潤比例是，依照銷售總金額的15％～25％之間，在此範圍內，品牌廠商應給予合作的KOL／KOC，有較高比例的分潤可得。例如：可採用階梯式向上的分潤比例。舉例來說，例如：10萬～20萬銷售分潤給予15％；20萬～30萬銷售分潤給予20％，30萬～50萬銷售分潤給予25％。

（九）觀察品項的銷售狀況

推動KOS，還必須注意到公司哪些品項比較能賣得動、哪些賣不動的狀況，儘量去推那些賣得動的品項，以求事半功倍。

（十）回函感謝

推動KOS，必須注意到，對於每一位下訂單的粉絲們，基於公司的禮貌及態度，必須給予每一位訂購者感謝回函，包括：用手機簡訊或用e-mail傳送等；這些禮貌行動都必須做好、做到位，才會引起粉絲們的好感。

（十一）篩選出長期合作夥伴

品牌廠商可以從多次的KOS合作中，觀察及篩選出哪些KOL／KOC是比較具有戰鬥力及比較有好銷售效果的。這些KOL／KOC就可以納為我們公司的長期合作網紅夥伴，公司必須建立這種重要資料庫。

（十二）親自到百貨賣場，與粉絲見面

有些品牌廠商更是推出在實體百貨賣場的KOS，藉由粉絲們都想親自看到KOL／KOC本人，因此，推動這種在百貨賣場的特惠價銷售模式，也可以提高KOS的銷售業績結果。

（十三）邊做、邊修、邊調整，直到最好

KOS的推動，應該秉持著邊做、邊修正、邊調整、邊改變、以及直到最好的原則及精神，最後必會成功推動KOS，為公司增加一個新的銷售業績的管道來源。

（十四）成立專案小組，專責此事

品牌廠商應該從行銷企劃部及營業部，抽出幾個人，專心成立「KOS推動促進小組」，專心一致、專責此事，才會真正做好KOS。所以，專責、專人推動KOS是很重要的。

（十五）把下單粉絲，納入會員經營體制內

最後，品牌廠商應該把每一次KOS操作的下單粉絲及新客群，納入在公司正式的會員經營體制內，認真對待好這些新會員們。

如何成功操作KOS之15個注意點

1
找到對的KOL／KOC

2
親身使用過，
具見證效果

3
足夠促銷優惠誘因

4
飢餓行銷

5
搭配重要節慶、
節令進行

6
貼文＋短影音並用

7
標題、文案、影音，
必須吸引人看

8
給予高的分潤拆帳
比例

9
觀察品項的銷售狀況

10
回函感謝

11
篩選出長期合作
夥伴

12
親自到百貨賣場與
粉絲見面

13
邊做、邊修、
邊調整，直到最好

14
成立專案小組，
專責此事

15
把下單粉絲，
納入會員經營體制內

七、KOL / KOC的收入來源分析

KOL / KOC在操作KOS時，主要的收入來源有四種，如下：

（一）單次固定收入

包括：

1. 一篇貼文給多少錢。
2. 一支短影音製作費給多少錢。

（二）分潤拆帳收入

每次／每波段的銷售收入，乘上15～25％的分潤率，即為拆帳收入。

（三）代言收入

即代言期間（通常為一年，即年度品牌代言人），給予多少代言人費用。

（四）聯名商品收入

即每個月或每季或每半年期間，聯名商品銷售總收入，乘上分潤率，即為分潤總收入。

KOL / KOC的4種收入來源

- 1. 單次固定收入
- 2. 分潤拆帳收入
- 3. 代言收入
- 4. 聯名行銷收入

八、對KOS專責小組的效益評估指標

品牌廠商成立KOS推動專責小組之後，每年度必須對此專責小組進行效益評估，而評估的指標項目，包括：

（一）最終指標

1. 今年内，創造多少銷售業績，或達成率是多少。

2. 今年内，增加多少新客群總人數。

3. 今年内，品牌知名度、印象度、好感度提升多少比率。

（二）過程指標

1. 平均每次及年度總觸及人數。

2. 平均每次及年度總互動人數及互動率提升多少。

3. 平均每次觀看人數及觀看率。

九、操作每一次KOS的數據化成本／效益評估分析

品牌廠商應該針對每一次的KOS操作，提出成本／效益分析，其計算公式如下：

（一）費用支出

1. 每篇貼文費用
2. 每支短影音製作費用
3. 每次分潤拆帳費用
4. 專責小組人員薪資費用
5. 產品寄送快遞費用

合計：總費用

（二）收入

1. 每次訂購總收入
2. 毛利率
3. 總收入×毛利率＝總毛利額收入

（三）獲利：本次總毛利額收入－本次費用支出＝本次獲利額。

十、在KOS執行中，邊修、邊改、邊調整的12個事項

如前述，KOS的執行，不可能第一次就做得很成功、很完美、得100分；相反的，品牌廠商及專責小組，必須在執行過程中，不斷的加以修正、改變及調整，才會愈做愈好，而主要的調整、改善事項，大概有12個事項，值得加以留意，包括：

（一）KOL／KOC的個人適合性調整。

（二）產品品項／品類適合性調整。

（三）貼文文案內容及標題的調整。

（四）短影音製拍內容及品質的調整。

（五）優惠價格、優惠折扣的調整。

（六）分潤拆帳比率的激勵性調整。

（七）貼文／短影音上各種社群媒體平台及時間點合適性調整。

（八）KOL／KOC個人話術表現的調整。

（九）飢餓行銷方式的調整。

（十）搭配促銷節慶／節令檔期的調整。

（十一）KOL／KOC操作第二次、第三次的時間輪替調整。

（十二）對KOL／KOC支付分潤拆帳費用時間的提前調整。

在KOS執行中，邊修、邊改、邊調整的12個事項

1. KOL／KOC的個人適合性調整。	2. 產品品類、品項適合性調整。	3. 貼文文案內容及標題的調整。	4. 短影音製拍內容及品質的調整。
5. 優惠價格及折扣的調整。	6. 分潤拆帳比例的激勵性調整。	7. 上線各種社群平台及時間點的調整。	8. KOL／KOC個人話術表現的調整。
9. 飢餓行銷方式的調整。	10. 搭配節慶的調整。	11. KOL／KOC操作第二次、第三次時間的調整。	12. 支付KOL／KOC分潤時間的提前調整。

MEMO

Chapter 5

社群平台「短影音行銷」崛起專題分析

一、社群平台短影音行銷崛起的8個原因

以15～60秒呈現的社群平台「短影音行銷」為何能夠在近幾年來快速崛起，主要有8個原因如下：

（一）更易吸引人觀看

短影音因為只有幾十秒，不須花費太長時間，因此，自然吸引人觀看。

（二）行銷成效較佳

短影音行銷成效，包括：對品牌印象度、好感度、對業績提高度等，都較靜態的社群貼文表現，其效果會更好一些，受到肯定。

（三）年輕人市場日益重要

近幾年來，年輕人（20～39歲）已成為各種消費市場的主力，而年輕人又經常接觸到社群媒體；因此，社群短影音的行銷方式，就成為必要的宣傳工具之一。

（四）影音比文字，更能展現產品特色

動態短影音比靜態純貼文文字式或圖片式，更能展現出產品的功能及特色。

（五）各大社群打造短影音平台使用專區

近幾年來，各大社群紛紛打造短影音平台的專區使用。例如：IG Reels、YouTube Shorts、Line VOOM等，也使得短影音更加普及。

（六）KOL／KOC大量被運用

近年來，KOL／KOC行銷操作更加普及，也被品牌廠商大量運用，也使得「短影音＋KOL／KOC」更加蔚為潮流趨勢。

（七）時間破碎化

現代速食社會，求快、求新、求變、求即時性，時間破碎化、短時化，已成為生活方式；而短影音也成為趨勢。

（八）製拍成本不算高

社群平台短影音，不像拍電視廣告片，要求度較一般化，用手機拍攝及剪輯，也可以快速做出一支好看的短影音；由於製拍成本不高，也就更能運用普及化了。

〈總結〉

「短影音」已成為：獲得在社群媒體上，運用最高比例的有效行銷工具之一。

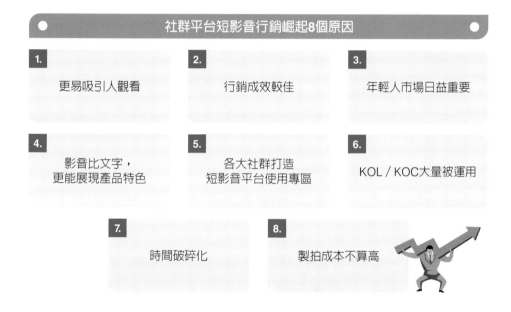

社群平台短影音行銷崛起8個原因

1.
更易吸引人觀看

2.
行銷成效較佳

3.
年輕人市場日益重要

4.
影音比文字，
更能展現產品特色

5.
各大社群打造
短影音平台使用專區

6.
KOL／KOC大量被運用

7.
時間破碎化

8.
製拍成本不算高

二、品牌運用短影音（影片）行銷的7個優勢與好處

品牌廠商已有愈來愈多運用KOL／KOC短影音行銷的趨勢，最主要有7個優勢與好處，如下：

（一）可快速抓住眼球

因為短影音可在15～60秒之間，快速抓住網友及粉絲們的目光，甚至可促進消費者購買動機。

（二）可加深對品牌印象

用短影音或長影音推播方式行銷，遠比過去用靜態式文字貼文，更能有效加深消費者對品牌印象度。

（三）可擴大品牌聲量

短影音若能搭配KOL／KOC行銷呈現，可望提高影片曝光率，擴大品牌在社群平台的聲量。

（四）可有效提高業績收入

運用導購型／促購型短影音，可望有效擴增產品銷售收入。

（五）可增加不同的新顧客

透過KOL／KOC短影音呈現，可以吸引並增加不同粉絲群的新顧客，也增加了品牌廠商顧客數量，有助長期業績的穩定。

（六）短影音製作彈性大

短影音的製作較快速且變化多，從配樂、濾鏡拍攝、剪輯都可以根據品牌形象調整。

（七）較易呈現產品的特性、功效及訴求點

製作短影音，遠比文字貼文，更容易呈現出產品所要表現的特性、功效及訴求點。

三、短影音的2個缺點

短影音行銷雖有很多優點，但也有下列2個潛在缺點：

（一）較不易在30秒內，說清一件事

短影音通常為30秒或60秒，但要在此短秒數內將一件事情或一個產品狀況，說得很完整又清楚，確實不易。

但此缺點，或可用長影音（3分鐘〜5分鐘）加以補足缺失。

（二）製作成本稍高一些

短／長影音的製作成本，遠比靜態的文字或圖片貼文要高出不少，此也為其缺點。

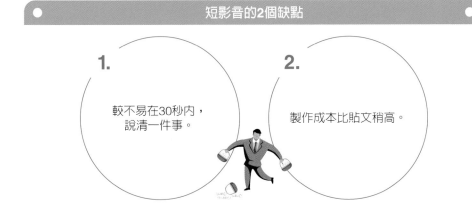

短影音的2個缺點

1. 較不易在30秒內，說清一件事。

2. 製作成本比貼文稍高。

「影音行銷」的發展，有如下數據：

（一）60%網路流量，流向了影音內容。

（二）72%的人，更傾向透過影音（非文字）認識一項新產品或新服務。

（三）54%的人，期待看到品牌發布影音內容。

（四）93%行銷人，曾透過在社群媒體所發布的影音呈現，而獲得顧客。

（五）70%的人，認為在社群媒體上，以影音內容較文字貼文，更易吸引人觀看。

（六）80%的人，認為在影音內容上，又以短影音（15～60秒）更吸引人觀看。

〈總結〉：

（一）「短影音」是新時代建立品牌形象及宣傳品牌知名度的有力工具之一。

（二）「導購型／促購型短影音」，也是能增加銷售業績的有效方式之一。

（三）總之，在社群媒體上運用的「短影音行銷」時代來臨了。

五、短影音行銷的2大主要成效目標

社群平台短影音行銷操作，雖然有日益增多趨勢，但說穿了，它跟其他行銷操作工具並沒有很大不同，它的最終成效目標，只有兩個，即是：

（一）主要成效目標

1. 提升品牌力

即提高品牌曝光率、印象度、知名度、好感度、信賴度。

2. 提升業績力

即提高銷售業績、銷售量。

（二）次要成效目標

其次，才是參考性的次要成效目標；例如：觀看數、互動率、按讚數、留言數、分享數等。

短影音行銷的主要／次要成效目標

1. 主要成效目標
   - (1) 提升品牌力
   - (2) 提升業績力

2. 次要成效目標
   - (1) 觀看數
   - (2) 互動數
   - (3) 按讚數

六、IG與YT最常見的製作主題內容：
美食與穿搭

根據統計，創作者在IG Reels及YT Shorts兩種主力社群短影音平台上，所經常呈現的製作主題內容，依序是：

（一）**IG Reels**：

    1.美食　　　　2.穿搭　　　　3.保養　　　　4.運動　　　　5.旅遊

（二）**YouTube Shorts**：

    1.美食　　　　2.穿搭　　　　3.教學　　　　4.遊戲及3C

〈小結〉

    所以，總結來看，稱霸短影音的主題內容，以美食類及穿搭類居最多比例。

七、較具吸引目光的短影音8種特性

根據統計，在IG、YouTube、TikTok及Line VOOM等社群影音平台上，較具吸引目光的短影音，應該具有以下8種特性為佳：

較具吸引目光的短影音8種特性	
1. 輕鬆的	**2.** 軟性的
3. 有趣的、好玩的	**4.** 有生活感的
5. 實用的	**6.** 知識的
7. 時事話題的	**8.** 有折扣優惠的

八、短影音製作的五種類型

短影音的製作型態，大致可以區分為以下五種影片：

（一）預告型影片（5～10秒）（Teaser Video）

（二）重點型影片（10～15秒）（Highlight Video）

（三）導購型影片（30～60秒）（Call to Action, CTA Video）

（四）完整型影片（60秒）（Full Video）

（五）花絮型影片（30秒）（behind Video）

短影音製作的五種類型

1.	2.	3.	4.	5.
預告型影片	重點型影片	導購型影片	完整型影片	花絮型影片

九、「IG Reels」是什麼？

（一）「IG Reels」是IG（Instagram）社群媒體在2020年所推出的短影音專區平台。

（二）它是簡短影音，影片呈現時間在15秒～90秒之間，每一則都可以快速看完。

（三）它是超酷的短影音行銷工具。

（四）能在30秒～60秒內說出重點，因為時間很短、很快，所以才吸引人看。

（五）IG Reels可推播給可能有興趣的觀眾。

（六）對在IG投放廣告的品牌廠商，IG Reels可算是一個新選擇。

（七）IG Reels的動態影片，較靜態文字及圖片更吸引人看。

（八）IG Reels已有標準範本可套用，包括：音樂庫、特效、版面、長度等。

十、成功案例：蝦皮購物短影音行銷

　　國內知名的電商（網購）公司「蝦皮購物」，曾在一次節慶促銷活動中，搭配短影音行銷的成功案例；根據該公司品牌行銷部長廖君鳳陳述如下：

（一）廣告宣傳作法改變

　　過去都是找張惠妹、謝金燕等藝人拍電視廣告，但今年改變策略，把預算大舉投入「短影音＋數位廣告」投放。因為，她認為同一筆預算，用短影音行銷可以觸及更多人，就決定改用此方式看看。

（二）短影音操作內容

1. 這一次蝦皮主打「安心退」服務。找來溫妮、見習網美小吳、葛格等3位在不同領域的網紅KOL。

2. 拍攝內容以3人跳舞蹈，歌詞重覆「放心買安心退」為slogan。並將素材剪輯為兩種：短版影片（30～60秒）及長版影片（60～180秒）等。

3. 成效（效益）

　　短／長影音上線後，成效不錯，如下：

　　(1) 一週時間，創下100萬觀看數，以前都只有數十萬觀看數就不錯。

　　(2) 帶動節慶業績較去年成長3成。

　　(3) 蝦皮社群平台上的互動聲量也提升85%。

4. 未來

　　(1) 將找更多KOL／KOC合作拍短影音廣告，在各大社群平台上線。

　　(2) 預算將持續投入。

十一、品牌廠商如何成功製作一支品牌短影音11個步驟

品牌廠商要成功製作及操作好一支品牌短影音行銷的11個最完整步驟，如下述：

（一）確立目的／目標／任務

必須先確立好此支短影音的目的／目標／任務是什麼？例如：如果是以業績銷售為目標，那麼就要推出促購型／導購型的短影音了。例如：只是為新產品上市，要打響品牌知名度，那麼，就只要製作打造品牌印象度的一般型短影音就好了。

（二）找到合適KOL／KOC

要上網搜尋及聯絡到合適的KOL／KOC，來製拍此次短影音；有KOL／KOC擔綱演出短影音，就會比較吸引他（她）們的粉絲群或一般消費者來看。

當然，如果要另找藝人型、明星、歌手型的也可以，只是代言成本很高，中小型品牌比較負擔不起。

（三）面對面討論合作細節

品牌廠商的行銷人員，就必須找來這些KOL／KOC，跟他（她）們面對面說明及討論合作細節，包括如下項目：

1. 產品介紹。
2. 此次目的。
3. 市場概況。
4. TA（客群）對象。
5. 品牌風格。
6. 產品訴求重點、特色。
7. 產品售價。
8. 演出費用、製作費用。
9. 支付方式。
10. 導購／促購折扣優惠。
11. 預計此次活動時程表。
12. 合約內容。

（四）雙方簽訂合約

當KOL／KOC都同意合約所述內容及規範後，雙方即可簽訂合約書，正式確定此次合作開始生效。

（五）提出短影音製作企劃書

由KOL／KOC他（她）們提出他（她）們的此次短影音製作企劃書或提案書內容，包括：秒數、篇名、腳本、文案、音樂、背景、節奏、訴求點、剪輯、拍攝、字卡、圖卡等技術細節。

（六）修正提案書

品牌端行銷人員會面對面或電話聯絡短影音製作提案書的部分內容修改及調整，最後加以確定、同意。

（七）進入短影音製作期

正式進入短影音製作期，約需一～三週時間完成剪輯帶子。

（八）修正影片

品牌端行銷人員針對KOL／KOC所完成的短版及長版影音，進行一些必要修正指示。

（九）正式在社群平台上架

品牌端行銷人員及KOL／KOC，開始把短／長影音，上架到他（她）們的各種社群平台上、官網上或官方粉絲團上。

（十）定期檢討短影音成效

品牌端行銷人員每天、每週、每月必須觀察並分析短影音上架後的觀看成效、互動成效、業績下單成效、按讚成效等。

（十一）未來再精進

就是要吸取經驗，研究如何使未來的KOL／KOC短影音操作更成功、更具成效、更能達成目的。

品牌廠商如何成功製作一支短影音的**11個步驟**	
1 先確立目的／目標／任務	2 找到合適KOL／KOC
3 面對面討論合作細節	4 雙方簽訂合約
5 提出短影音製作企劃書	6 修正提案書
7 進入短影音製作期	8 修正影片
9 正式在社群平台上架	10 定期檢討短影音成效
11 未來再精進	

十二、品牌經理人與KOL／KOC及委外專業公司人員傳達及討論短影音行銷的14個事項

就實體具體事項，品牌經理人在與KOL／KOC及委外公司人員見面時，必須傳達及討論在短影音行銷活動時的14個事項，如下述：

（一）介紹本公司概況。

（二）介紹本波活動的產品及品牌概況。

　　　（包括：產品特色、訴求、功能、目標客群、風格、獨特性、差異化、售價、通路、競爭對手、市場狀況等。）

（三）介紹本產品過去各種的廣告型態、內容及播出媒體、成效等。

（四）提出本次操作短影音的目的／目標／任務為何。

（五）提出此次短影音行銷的總預算多少及波段預算多少。

（六）提出KOL＋KOC結合運用策略觀點。

（七）提出此次短影音操作活動的時間表（期程）。

（八）提出此次短影音企劃與製作內容與支數的建議方向。

（九）提出此次導購型／促購型／團購型短影音活動的銷售成果拆帳（分潤）比例。

（十）提出此次對KOL／KOC支付費用的方式及程序。

（十一）提出此次活動的定期效益分析報告要求。

（十二）討論委外專業公司此次活動的服務費收多少。

（十三）提出雙方合約書的相關告知事項。

（十四）其他相關工作說明。

品牌廠商要如何才能成功做出KOL／KOC導購型短影音行銷操作，創造出好業績？必須做好下列八項要點：

（一）找到最適當KOL或KOC

必須找到最適當的KOL或KOC，由一位到數位之多，以觸及不同的粉絲群目標。找到對的人，就是成功的一半。

（二）給予KOL／KOC具激勵性的拆帳（分潤）比例

第2點，在導購型短影音操作中，品牌廠商必須大方給這些KOL／KOC具更好的、更具激勵性的銷售後拆帳（分潤）比例，大致在15～25％之間，分潤比例愈高，愈能激勵KOL／KOC有更好的短影音呈現。

此外，也要對這些KOL／KOC給予最大的尊重、禮遇，務使雙方合作良好、順暢，雙方都滿意。

（三）產品折扣優惠誘因，必須足夠吸引人

導購型短影音的產品折扣優惠誘因要夠大、夠吸引人，才能使粉絲群或消費者有感、才會購買。若是優惠誘因太低，這支KOL／KOC短影音也不會成功。

（四）短影音製作品質要高，且要吸引人觀看

導購型短影音的製作品質要高、質感度要夠，而且要能吸引人去注目看完。不管是唯美型的、感人型的、有趣型的、故事型的、產品功能介紹型的等，都要能吸人眼球與拍手叫好是重點。

（五）短影音播放平台，更多元呈現

導購型短影音要上的社群平台，要儘可能更多一些。包括：FB、IG、YT、Line、TicTok等五大社群平台，以及品牌端自己的官網、官方粉絲團、門市店電子看板等，都可以多元化管道呈現出來，以觸及更多的消費者及粉絲們。

（六）多位KOL／KOC並用推出

導購型短影音可以同時或在不同時間點，找多位的不同類型KOL／KOC，此對總業績的提升，也會帶來助益。

（七）每週推出不同版本短影音，避免看膩

同一支導購型短影音看久了，消費者也會膩掉，因此，最好安排每一週都有不同面孔、不同特色、不同製作呈現的短影音，必會收到更好的成效。

（八）每週定期檢討與精進

必須每週檢討導購型短影音的播出成效，包括：業績成效、觀看數成效、按讚數成效、互動率成效等。並且，不斷檢討、改良、精進及創新，以做出更成功的導購型短影音。

如何成功做出KOL／KOC導購型短影音操作，創造出好業績

1. 找到最適當KOL或KOC

2. 給予KOL／KOC具激勵性的拆帳分潤比例

3. 產品折扣優惠誘因，必須是夠吸引人

4. 短影音製作品質要高，且要吸引人觀看

5. 短影音播放平台，更多元呈現

6. 多位KOL／KOC並用推出

7. 每週推出不同版本短影音，避免看膩

8. 每週定期檢討及精進

十四、導購型／促購型短影音的KOL／KOC 銷售拆帳（分潤）比例：15～25％之間

根據行銷實務界顯示，目前，對導購型／促購型短影音的KOL／KOC銷售拆帳（分潤）比例，平均約在15～25％之間，視不同產品、不同公司、不同行業及不同業績額，而有所不同。

目前，拆帳（分潤）比例，有兩種方式：

（一）固定單一比例

固定在銷售業績額的15％、20％或25％。

（二）漸增式比例

隨銷售業績額的增加，而增加拆帳比例。

例如：10萬業績×15％＝1.5萬元分潤

50萬業績×20％＝10萬元分潤

100萬業績×25％＝25萬元分潤

另外，為什麼分潤比例，最高是到25％為止？

因為，一般產品上架鋪貨到大型零售連鎖店，其抽取的利潤，也至少在3成（30％）以上。故短影音分潤比率最高在25％，再加上每支短影音製作費也要支付，合計起來，也大概達到30％的分潤比例，與大型零售商抽成比例很接近。若比例再高，就變成品牌廠商賺更少，不划算。

導購型短影音的拆帳（分潤）比例方式

1.

固定單一比例
（15～25％）

或

2.

漸增式比例

十五、適合導購型／促購型／團購型短影音的產品類型

現在流行的短影音，主力是以團購型／導購型／促購型短影音呈現，而其適合的產品類型，如下：

（一）不適合的產品類型

例如：汽車、機車、房仲、金融理財、資訊3C、大家電、藥品、名牌精品等，這些高單價、須比價的、耐久性商品、高端客群的產品類型，都不適合使用導購型／促購型的短影音呈現，因為，成效會很低，徒然浪費錢而已。

（二）適合的產品類型

但是，在：彩妝品、保養品、零食、中老年保健品、服飾、配件、家用／日常消費品、餐飲、速食等則可以適合，導購成效會比較好。

適合／不適合促購型短影音的產品類型

不適合	適合
• 汽車	• 彩妝品
• 機車	• 保養品
• 房仲	• 零食
• 金融理財	• 美食料理
• 大家電	• 穿搭（服飾／女鞋）
• 藥品	• 保健品
• 名牌精品	• 廚具品
• 電腦	• 居家用品
• 手機	

十六、短影音行銷的「成本與效益」數據 檢討分析

短影音行銷最後結果的成本與效益數據檢討分析，要如何做呢？根據實務界的經驗，例舉如下數據做說明，可更了解具體效益分析：

〈案例〉以導購／促購型短影音為例

（一）導購／促購訂單收入

〈假設〉

- 每個產品單價500元×銷售2,000個（一個月）
  ＝1,000,000元收入（100萬元收入）
- 產品毛利率：40%
  故100萬元收入×40%＝40萬元毛利額

（二）短影音成本支出

- 一支短影音製作費：5萬元估計（用手機拍攝、剪輯的簡單型短影音）
- KOL／KOC銷售拆帳分潤支出（100萬元×20%分潤率＝20萬元分潤額）
- 故成本支出合計：
  5萬元製作費＋20萬元分潤費＝25萬元總支出成本

（三）最後：銷售收入－成本支出＝獲利

40萬元毛利額－25萬元成本支出＝15萬元淨毛利額。

（四）總結：4點效益

1. 效益1：增加100萬元銷售收入。
2. 效益2：增加15萬元淨毛利額。
3. 效益3：增加品牌曝光度及印象度。
4. 效益4：新顧客人數增加。

短影音促購的成本 / 效益數據分析

1.銷售收入
增加的銷售收入×毛利率＝毛利額增加

2.成本支出
短影音製作費用＋分潤費用＋專責人員薪水＝總費用

3.毛利額增加
→ 毛利額增加－總費用＝獲利

總結4點效益

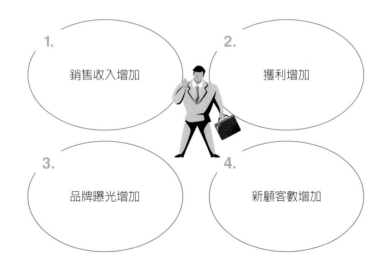

1.
銷售收入增加

2.
獲利增加

3.
品牌曝光增加

4.
新顧客數增加

執行短影音行銷操作有三種方式，如下：

（一）委外專業公司去進行

如果品牌廠商自身不太有能力與人力去落實短影音行銷時，可以花一些錢，委外專業公司去協助進行。

現在，外面有很多網紅經紀公司及數位行銷公司，都有在接這方面的案子，可以找較富成功經驗的公司協助專案進行。

（二）自己公司進行

如果是大公司、大品牌，行銷部門人力及經驗都夠的話，也有自己進行的，不再找委外公司，以節省費用。

（三）「委外＋自己」兩種並進方式

最後一種方式，就是「委外＋自己」兩種並進方式進行。

此種方式，就是先透過委外專業公司執行，從中吸取經驗與技能Know-how；然後，自己公司也可以跟著自身去規劃及操作，以增加自己行銷部門的功能性與自主性，這也是很重要的。

短影音行銷操作3種方式

1. 委外專業公司去進行

2. 品牌廠商自己去進行

3. 「委外＋自己」兩種並進

十八、短影音行銷操作：委外專業公司進行的3個優點

不少品牌公司的社群平台短影音行銷操作，都是委託外面專業公司去做的，雖然會多花一些費用，但也具有下列3項優點：

（一）委外公司具有專業性及經驗性，這是品牌公司可能較缺少的。

（二）委外公司具有詳實的KOL／KOC資料庫，可以較快速找到適合我們公司產品與品牌的KOL對象。

（三）透過委外公司進行，比較能夠確保短影音行銷的成功機率；若自己做，失敗率高，成本付出也不少，還不如委外專業公司協助，比較有擔保。

短影音行銷委外代操的3個優點		
1. 委外公司具有專業性及經驗豐富。	**2.** 委外公司具有詳實的KOL／KOC資料庫。	**3.** 比較能確保短影音行銷成功。

十九、尋找委外專業公司的配合家數多少

品牌廠商在尋找委外專業公司協助，對於配合公司要找幾家，有兩種狀況：

〈狀況1〉找一家公司即可。

當預算少、小品牌、波次少，則找固定一家專業公司協助即可。

〈狀況2〉找多家公司配合。

當公司預算多、屬中大型品牌、波次多、產品多、品牌多時，則可找3～5家委外專業公司協助為佳。透過多家公司的合作，可以發現各家委外公司的優點及成效好不好，以做為未來調整的參考。

二十、委外專業公司操作短影音活動的服務收費多少

品牌廠商因自身公司及人力資源有限，而必須透過尋找委外專業公司進行短影音代操時，其收費大致如下：

（一）數位廣告投放收費：

如果只是單純在數位廣告投放時，這些數位廣告專業公司的收費，大概約投放廣告量的6〜8%之間。

例如：某波段數位廣告投放100萬元，則收取服務費為6萬〜8萬元之間。

（二）KOL／KOC短影音行銷操作收費：

1. 短影音製作費：每一支3〜30萬元之間。
2. 銷售拆帳（分潤）比例：約5〜10%之間，比KOL／KOC的15〜25%略低些。

二十一、短影音搭配KOL／KOC呈現較具效果

短影音的製作，必須搭配KOL／KOC呈現，會得到比較好的效果，因為，這些大網紅、中網紅、微網紅，都有他（她）們自己的死忠粉絲群，比較會信賴這些KOL／KOC講的話及推薦的產品。

二十二、多支影音輪替出現，會比單一支短影音效果為佳

在操作短影音行銷時，在短影音企劃及製作上，對於支數的策略作法有兩種：

第一種，只上線單一支短影音，看看效果如何，再決定後續操作。

第二種，同時製拍多支短影音輪替上線，雖然成本較高，但氣勢夠、客群也更多元，成效可能會更好。

 ## 二十三、短影音操作占行銷總預算的占比：3～10％

根據品牌行銷實務界的數據顯示，到底每年度短影音操作占行銷總預算的占比大概多少？如下三種狀況：

〈狀況1〉剛開始測試期

假設每年度5,000萬元行銷總預算×3％＝150萬元短影音操作預算。

〈狀況2〉逐步增加期

每年5,000萬元×5％＝250萬元短影音操作預算。

〈狀況3〉成效不錯期

每年5,000萬元×10％＝500萬元短影音操作預算。

總之，短影音行銷操作預算，就是把全年度的行銷總預算中，撥出3～10％，做為短影音操作的經費預算。

二十四、一支短影音製作費用預估

到底，實務上，一支KOL／KOC短影音製作費用，大概多少？有幾種不同等級的費用，如下：

（一）一般等級（3～10萬元）

此係指：小公司、小品牌的短影音，是由KOL／KOC他（她）們自己利用手機拍攝及剪輯而成的，屬於較陽春型、較一般性等級、較便宜的製作方式。其每支製作費約在5～10萬元即可快速完成。

（二）中等級（10～20萬元）

中型品牌可以付得起較多一些的製作費，品質水準有稍微提高，每支製作費約在10～20萬元之間。

（三）高等級（20～50萬元）

大型品牌較要求高品質短影音，及有能力支付較高製作費；每支大約在20～50萬元之間。

不管如何，在社群平台上線的短影音，基本上都是委由KOL／KOC自行企劃及製作拍攝。其最高製作費，當然不能跟電視廣告片（TVCF）去比較，電視廣告片都是委託專業導演及製作公司去拍攝出來的，每支平均成本約在90～250萬元之間，遠比KOL短影音製作費高出很多。

二十五、KOL短影音：視為整合行銷傳播操作的一環

實務上，應把KOL／KOC短影音行銷，視為整合行銷（IMC）的其中一環，而非獨立、單一操作，如此，才會產生出較佳成效。亦即，KOL／KOC短影音操作，是搭配在品牌公司的年度廣宣計劃、促銷計劃、品牌力打造計劃、新品上市計劃、週年慶計劃等，而能夠整合在一起推出，較具良好的效果。

二十六、品牌短影音製作與行銷應注意6要點

品牌廠商在製作及行銷短影音時,應注意到以下幾點:

(一)短影音應該一開頭5秒鐘,就要立即吸引觀眾目光。

(二)可藉由字卡輔助,傳達重要產品資訊。

(三)結尾設計明確的優惠、折扣,做好CTA(Call to Action),以擴增下
單業績。

(四)撰寫清楚的標題、文案及標籤。

(五)找到最適合的KOL / KOC做為主角人物,以有效吸引他(她)們的粉
絲群觀看。

(六)每一支短影音上線,都應分析洞察數據,持續調整短影音產出。

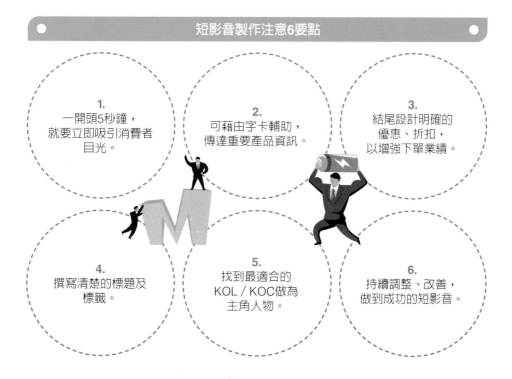

短影音製作注意6要點

1.
一開頭5秒鐘,
就要立即吸引消費者
目光。

2.
可藉由字卡輔助,
傳達重要產品資訊。

3.
結尾設計明確的
優惠、折扣,
以增強下單業績。

4.
撰寫清楚的標題及
標籤。

5.
找到最適合的
KOL / KOC做為
主角人物。

6.
持續調整、改善,
做到成功的短影音。

二十七、短影音的秒數

依實務而言，短影音（影片）的製作秒數，大概在15～60秒之間，計有：15秒、30秒、45秒、60秒等幾種比較常見。

當然，也有剪輯成長影音（影片）的，大概在1～3分鐘之間。

長影音比較容易把一件事情表達清楚，但要有耐性看完；而短影音則具有快節奏，會吸引較多的人觀看。

短影音／長影音的秒數

1.短影音　➡
- 15秒
- 30秒
- 45秒
- 60秒

2.長影音　➡　• 1分鐘～3分鐘

二十八、短影音在哪些社群平台呈現

（一）短影音大部分都在**KOL／KOC**他（她）們習慣性表現個人的社群平台出現，例如：**IG**、**FB**、**YouTube**及**TikTok**等。

（二）目前還有下列四種專門匯集呈現短影音的社群位置，包括：

1. IG Reels
2. YouTube Shorts
3. Line VOOM
4. TikTok

IG Reels於2020年8月推出，主打15～60秒直立式短影音。

而YouTube Shorts則在2021年9月推出，以60秒內直立式影音為主。

（三）**KOL**短影音也可以在品牌廠商自己的自媒體上面呈現，包括：

1. 官網。
2. 官方FB、IG粉絲專頁。
3. 官方YouTube品牌頻道。
4. Line官方帳號廣告上。

二十九、品牌廠商如何跟上短影音行銷的5大訣竅

有5大訣竅，可以更加提高短影音行銷的好結果，如下：

（一）短影音＋長影音並進

短影音可以吸引20～30歲Z世代年輕族群觀看。長影音則可以吸引30～45歲Y世代的族群觀看。

兩種影音版本並進，可以達到更多不同世代族群的總觀看數及曝光率。

（二）真實呈現商品

在短影音的畫面上，可以用字卡或圖片輔助呈現更清楚的標題及吸引人的文案，達到粉絲對推薦商品或促購商品更快速認識。

（三）快節奏吸引眼球

短影音只有30秒、60秒而已，故必須採用快節奏＋音樂性＋創意性，加以呈現，以吸引目光，抓住眼球。

（四）幕後花絮，也引人好奇

如果能增加一些拍攝過程中的幕後花絮，也會有一定的引人好奇觀看。

（五）抓緊高流量平台

短影音上線，可以先從IG Reels及YT Shorts兩大社群短影音平台著手，可以抓住高流量紅利。

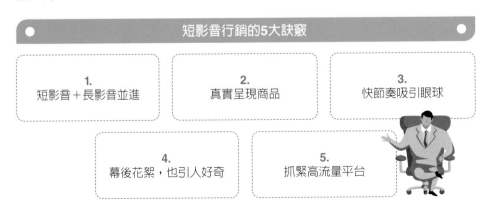

短影音行銷的5大訣竅

1. 短影音＋長影音並進	2. 真實呈現商品	3. 快節奏吸引眼球
4. 幕後花絮，也引人好奇	5. 抓緊高流量平台	

三十、短影音行銷的5大優點

在社群媒體上採用短影音行銷，具有下列 5 項優點：

（一）吸引人觀看且互動率較高

短影音（影片）方式呈現，比靜態的圖片、文字，更容易吸引人觀看，且留言互動率也較高，可以協助品牌行銷更大功效。

（二）傳播資訊易吸收

影音（影片）愈短、愈有趣、節奏愈快，就會吸引人去看，而消費者吸收影片上的品牌資訊傳達效果也更好。

（三）對Z世代年輕消費者影響力大

現在短影音吸引到的以Z世代20～30歲年輕消費者為主力，對他們的影響力比較有效。

（四）影音內容素材可以多方運用

影音內容素材，可以把它製成短版及長版兩種方式，吸引不同的人觀看；而且可以上線到不同的社群平台及官網上去，達到多方運用的多元功效。

（五）較佳的行銷ROI成效

短影音確實可以為品牌廠商帶來較佳的行銷ROI（投資報酬率／投資效益），包括：在導購／促購短影音提高業績上面，或是較高觀看數提高品牌印象度、知名度上面。

 短影音行銷的5大優點

1. 吸引人觀看，且互動率較高。

2. 傳播資訊易吸收。

3. 對Z世代年輕消費者影響力大。

4. 影音內容素材可以多方運用。

5. 較佳的行銷ROI（效益）達成。

三十一、兩種短影音呈現比較：
電視廣告片vs.社群平台短影音

其實，社群平台上的KOL／KOC短影音與電視媒體上的廣告片（TVCF）有點類似，它們都是短秒數播放（10～60秒），也都是影音畫面呈現，只是它們是在不同的媒體平台播放或上線。

這兩種短影片，主要是它們面對的目標客群有很大不同，如下：

（一）電視廣告（TVCF）

主要是對壯年人、中年人、老年人（約45～75歲）為目標客群，適合這些客群的產品類型，都可以上，廣告成效還不錯。

例如：汽車類、機車類、房仲類、金融理財類、藥品類、保健品類、洋酒類、食品類、飲料類、家電類等。

（二）社群平台短影音

主要是針對20～39歲的年輕世代為目標客群，適合以年輕人為對象的產品類型。

例如：美食、穿搭、服飾品、彩妝品、保養品、手遊品、3C品、手機品、餐飲類、零食類、手搖飲、速食類、日常消費品類、運動品類、知識教育類等。

三十二、3大短影音平台簡介

茲將3大短影音平台列示如下：

1.YT Shorts

(1) 全球最大影音平台，全球超過22億活躍用戶。
(2) YT是繼TikTok之後，第2個開創短影音功能的影音平台，上線二年，已超過500億的平均每日觀看次數。
(3) 知識型內容較多，許多使用者習慣在YT搜尋產品開箱、使用心得、商品比較……等知識內容。
(4) YT的涵蓋年齡層較廣，更多元化的年齡層受眾（25～60歲）。
(5) YT上面的長影音及短影音可交叉運用。

2.IG Reels

(1) IG過去是偏向圖片、照片、限時動態、圖文創造，現在則增加短影音功能專區。
(2) IG上面可增強對商品、商家、官網的連結及導購能力。
(3) IG社群迅速擴散，可在用戶的好友圈中，分享擴散，讓觀看數快速成長。
(4) 多元內容形式，貼文、短影音、限時動態、即時直播，均可操作。

3.TikTok

(1) TikTok是Z世代年輕族群（15～29歲）用戶的聚集地。
(2) 女性用戶較多（占60%），可行銷美妝、時尚及服飾。
(3) 大量二次創作，高擴散能力：
    TikTok上流行大量影音素材再製與創作，包含各類Hashtag、流行音樂、舞蹈、濾鏡、挑戰……等內容的重覆製作與跟風，容易達到病毒式傳播效果。
(4) TikTok應以娛樂性為主力，並非資訊性及知識性。

三十三、短影音製作5原則

一支品牌廠商短影音的製作，應注意下列5原則：

（一）簡單易懂的主題：短影音主題必須使受眾能快速理解及想看。

（二）簡潔明瞭的文字：短影音畫面上的文字不能太長、太多，儘量以標題化簡短文字呈現即可。

（三）快節奏的剪輯：短影音秒數短，不能拖拖拉拉，要以快節奏呈現，前5秒最重要。

（四）對比度高的畫面：使用鮮明顏色、及對比度強的圖片及影片，吸引觀眾注意力。

（五）高吸睛度：短影音內容畫面、音樂必須做到能吸引人觀看的高吸睛度。

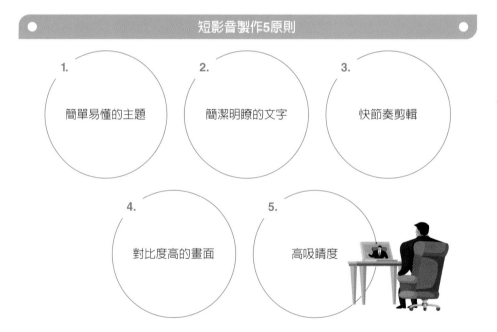

短影音製作5原則

1. 簡單易懂的主題

2. 簡潔明瞭的文字

3. 快節奏剪輯

4. 對比度高的畫面

5. 高吸睛度

三十四、使用IG Reels 5大基本功能進行編輯

使用IG Reels 5大基本功能進行編輯，如下述：

（一）選擇背景音樂

IG與各唱片公司均有簽約，讓大家能免費使用時下流行音樂製作配樂；直接從IG音樂庫選擇喜歡的歌曲即可。

（二）製作／錄製影片

您可以「直接錄影」製作Reels，也能預先錄製好影片直接「匯入」；必須注意Reels影片有90秒長度上限。

（三）播放速度

指定或快或慢速度，計有6種速度可選擇。

（四）版面設計

影像版面可以自由搭配，變化出多種呈現。

（五）特效

當然，看短影音超酷的AR特效、濾鏡也不能少；Reels有多種特效庫可用。

使用IG Reels 5大基本功能進行編輯

1.	2.	3.
選擇背景音樂	製作／錄製影片	播放速度

4.	5.	
版面設計	特效	

短影音製作的事前準備重點，必須思考到11項，如下：

（一）確認此次的目標／目的／任務

（二）訂定目標受眾（TA）

（三）撰寫短影音腳本及拍攝大綱

（四）製作預算及可用資源（攝影設備、音效、燈光、配樂、演出人員、主持人）

（五）拍攝地點及場景／布景

（六）演員及演出（試鏡、排練）

（七）製作時間表

（八）音樂及音效

（九）後期製作剪輯、特效

（十）發布影片及上架社群平台

（十一）法律及法規事項

三十六、3大短影音平台的比較

茲列示3大短影音平台，比較如下：

平台	受眾	影片秒數	簡介
1.IG Reels	• 20～45歲 • 年輕族群	• 15～90秒	• IG將Reels獨立一個版面 • 提升推廣短影片給廣大用戶觀看
2.YT Shorts	• 20～45歲	• 60秒內	—
3.TikTok	• 15～25歲 • 更年輕族群	• 15～90秒 • 最長可到10分鐘影片	• 娛樂型短影音始祖

三十七、短影音拍攝技巧提醒

品牌廠商在推動短影音行銷操作時，應該注意到自己使用手機或攝影機拍攝的品質問題，包括3點：

第一，畫面的乾淨度。即手機或攝影機的鏡頭應該注意乾淨度，不可以有手的指紋在上面。

第二，畫面的穩定度。即拍攝時，要注意拿手機及拿攝影機的平穩度，不可以有晃動的現象出現，避免影響拍攝品質。

第三，是畫面的排版。通常短影音都是以直式排版為主要呈現方式。

雖然前面介紹了很多KOL／KOC短影音行銷的操作知識內容，看起來，好像短影音就是行銷必勝的救世主工具；其實，這是過度抬高短影音操作的影響力。切記：KOL／KOC短影音行銷操作，只是行銷成功的一小部分而已。

　　品牌廠商要使產品暢銷、長銷、成功、業績大好，不是只做短影音單一工作，它只是一小部分而已。

　　行銷終極的成功，它必須做好下列八項行銷組合的全方位搭配工作才行。這4P／1S／1B／2C的八項行銷組合工作，就是如下：

4P + 1S + 1B + 2C	（一）Product：做好產品力。 （二）Price：做好定價力。 （三）Place：做好通路力。 （四）Promotion：做好推廣力。 （五）Service：做好服務力。 （六）Branding：做好品牌力。 （七）CSR：做好企業社會責任力。 （八）CRM：做好會員經營力。

做好行銷4P／1S／1B／2C八項戰鬥力組合

1.Product	2.Price	3.Place	4.Promotion
做好產品力	做好定價力	做好通路上架力	做好銷售推廣力

5.Service	6.Branding	7.CSR	8.CRM
做好服務力	做好品牌打造力	做好企業社會責任力	做好會員經營力

Chapter **6**

KOL / KOC網紅行銷
最終的成本／效益
數據分析

一、KOL／KOC網紅行銷最終的數據效益分析

操作網紅行銷，必須重視最終的數據化效益分析。其中，最重要的計有四項數據效益分析，如下：

（一）營收與獲利的效益

係指：收入－成本＝獲利

（二）品牌力提升的效益

1. 係指：品牌知名度、印象度、好感度、指名度、信賴度、忠誠度、黏著度百分比的具體提升。
2. 可透過各種市調、第一線營業人員及零售商意見等獲得。

（三）新顧客、新會員獲得增加的效益

透過每位KOL／KOC，可帶來的新顧客。假設：50位KOL／KOC×200位顧客＝10,000人新顧客數。

（四）新顧客、新會員未來可能到實體賣場或網購的再回購收入的效益

例如：10,000名新顧客

×	30%回購率	

3,000人回購

×	500元（每人單價）	

創造： 150萬元（回購收入）

二、其他次要的效益

除了上述最重要四項數據化效益之外，還可以有其他次要的效益，如下：

（一）留言互動率。

（二）短影音觀看數、觀看率。

（三）貼文觸及數、觸及率。

（四）品牌曝光度帶來的媒體公關價值。

KOL／KOC網紅行銷操作最終的4項數據效益

〈效益1〉

- 營收增加效益
- 獲利增加效益

〈效益2〉

- 品牌力提升效益（知名度、好感度、印象度、認同度、信任度）

〈效益3〉

- 新顧客、新會員獲得增加效益

〈效益4〉

- 新顧客未來到實體賣場再回購效益

三、KOL／KOC促購、團購、導購的最終數據化效益分析

（一）成本支出合計，包括下列4個項目：

1. 每則貼文稿費支出。

2. 每則短影音製作費支出。

3. KOL／KOC可分得之營收拆帳分潤比例金額支出。（拆帳率大約在15～25％之間）

4. 委外網紅操作公司服務費支出。

（二）收入合計

係指營業收入或銷售收入。

即：平均每件售價×訂購數量＝銷售收入。

（三）毛利額

營收額×毛利率＝毛利額收入

（四）毛利額－成本支出＝獲利額

（五）每位KOL／KOC創造獲利額×多少位KOL／KOC＝總獲利額

KOL／KOC促購、團購、導購之最終成本／效益數據分析

1.銷售收入
平均每件單價×銷售量＝銷售收入

×毛利率（30～50％）

3.毛利額收入

2.成本支出
(1) 每則貼文稿費支出
(2) 每支影片製作支出
(3) 分潤拆帳支出
(4) 委外代操公司服務費支出
(5) 公司內部專責人員薪資

3.毛利額
－**2.成本支出**

➡ **4.獲利額**
×KOL／KOC操作人數

➡ **5.總獲利額**

四、具體案例說明

〈案例1〉促購型貼文

每位成本	每位收入
（一）貼文一則：稿費1萬元 （二）拆帳分潤支出：1萬元 　　　　（5萬元×20%） 　　　小計：2萬元	（一）訂購收入： 　　　500元單價，100個銷售＝ 　　　5萬元收入 （二）毛利率：50% （三）毛利額：5萬元×50%＝2.5萬元

- 每位獲利額 → 毛利額－成本＝2.5萬元－2萬元＝5,000元獲利（每位）
- 總 獲 利 額 → 5,000元獲利×100位KOL／KOC操作＝50萬元獲利（合計總獲利）
- 總銷售收入 → 5萬元銷售收入×100位操作＝500萬元（合計營業收入）

〈案例2〉團購型貼文

每位成本	每位收入
（一）貼文一則：稿費2萬元 （二）拆帳分潤支出：2萬元 　　　　（10萬元×20%） 　　　小計：4萬元	（一）訂購收入： 　　　1,000元單價×100件出售＝ 　　　10萬元營業收入 （二）毛利率：60% 　　　10萬元×60% 　　　＝6萬元毛利額

- 每位獲利額：6萬元毛利額－4萬元成本支出＝2萬元獲利額
- 總 獲 利 額：2萬元×50位KOL／KOC操作＝100萬元獲利額
- 總營業收入：10萬元×50位＝500萬元營業收入

〈案例3〉

每位成本	每位收入
（一）直播成本：5萬元 （二）拆帳分潤支出：3萬元 　　　　（15萬元×20%） 　　　小計：8萬元	（一）訂單收入： 　　　3,000元單價 　　　×50件銷售 　　　15萬元銷售收入 （二）毛利率：70% 　　　15萬元×70% 　　　＝10.5萬元毛利額

- 每位獲利額：10.5萬毛利額－8萬元成本＝2.5萬元獲利
- 總 獲 利 額：2.5萬元×20位直播操作＝50萬元獲利
- 總營業收入：15萬元×20位＝300萬元營業收入

〈案例4〉品牌力提升具體效益分析

（一）品牌印象度、知名度：

從過去30%，有效提升到60%，提高一倍之多（經過市調結果）。

（二）品牌好感度：

從過去20%，有效提升到40%，提高一倍之多（經過市調結果）。

〈案例5〉新顧客未來到實體賣場去再回購之營業收入效益

接續案例1：

100位KOL／KOC操作

×平均帶來100位新顧客

─────────────────

總計帶來：1萬名新顧客

×500元（平均回購單價）

─────────────────

總計帶來：500萬元實體賣場回購總營收

Chapter **7**

虛擬KOL崛起分析

一、國外虛擬網紅（KOL）市場大幅走紅

（一）從2019年開始，生活類型的虛擬網紅開始在社群網站崛起。他（她）們是用3D技術建模，製作出虛擬人物，由幕後團隊負責維持人物設定、創作內容、經營個人品牌，版面和一般真人網紅幾乎相同，一樣會接業配、推薦產品，也會分享自己的日常生活。

（二）由於虛擬網紅技術漸成熟，形象愈來愈真實，人物設定也更加完美，已漸成為國際大品牌付出行銷預算，爭相合作的新寵兒。

（三）根據Meta公司統計，已有超過200名虛擬網紅在FB及IG平台上活躍。而根據調研公司預估，未來10年內，虛擬網紅市場規模也將大幅成長。

二、虛擬網紅與一般網紅的差別及其4大優勢分析

根據美國網紅研究機構：The Influence Marketing Factory的分析顯示，虛擬網紅具有以下4點優勢：

（一）可吸引年輕世代注目眼光

根據市調，美國人目前有58%的人，至少追蹤一位虛擬網紅，其中年輕的Z世代比率，更高達75%。這些追蹤的原因，是因為虛擬網紅吸引人的內容，包括：故事性、美感、音樂作品、新奇性等，而進一步形成情感性連結，因此，會持續關注。

（二）與粉絲群之間的連結性、互動性更強

這些社群上粉絲們，與虛擬KOL的互動率及黏著度更高、觀看時間更久。

（三）在內容創造上，更是無限可能

虛擬KOL可不受時間、空間限制，可以隨意出現在任何場景，包括國內外任何地點均可以。

（四）虛擬網紅能確保安全性，不會產生代言人負面新聞

虛擬KOL不會突然鬧緋聞、或吸毒或發言不當、或行為不正，可永遠保持形象良好，而且也不會變老、變醜，可令大品牌安心、信賴去投入操作。

虛擬網紅的4大優勢

1.

可吸引年輕世代注目眼光。

2.

與粉絲群之間的連結性及
互動性更強。

3.

在內容創造上，更是無限可能。

4.

能確保安全性，
不會產生代言人負面新聞。

三、虛擬網紅的缺點／痛點分析

但是，虛擬網紅也有發展上的幾項缺點或痛點，包括：

（一）虛擬人無法真正體驗自己宣傳的產品

例如：食品／飲料的味道，保養品自己試用效果等。

（二）虛擬網紅的「存活率」並不高

根據統計，全球有28％的虛擬網紅帳號全年沒有發布一則內容。主要原因，就是虛擬人物的成本太高了。還有，也不是每個虛擬網紅，都能成功吸引粉絲去長期忠實追蹤觀看，有些是失敗的。

（三）虛擬網紅的製作成本偏高

根據3D技術公司推算，要完整打造出一個虛擬人物出來，至少要花費500萬台幣之高，這種成本，只有國際大品牌廠商才花得起的，中小品牌無法適用。

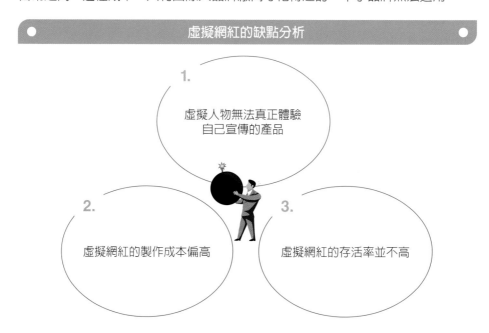

虛擬網紅的缺點分析

1. 虛擬人物無法真正體驗自己宣傳的產品

2. 虛擬網紅的製作成本偏高

3. 虛擬網紅的存活率並不高

四、虛擬網紅幕後需要大型技術團隊支援

根據美國及韓國成功的虛擬網紅操作，其背後需要一個大約20人以上的大型技術團隊支援才行。這包括3種組織：

（一）負責接收訂單的行銷團隊。

（二）發想製作概念及負責拍攝的企劃團隊。

（三）運用3D及2D技術的製作團隊。

簡單說，「真人網紅」可以靠自己或少數幾個人團隊，就可運作成功，幾乎人人可望成為社群平台上的網紅；但「虛擬網紅」就要成立專業的、二十多人的、3D技術的、製作等的團隊力量，才可以形成。

五、國外已投入虛擬網紅行銷運用
的大品牌例子

根據美國及南韓資料顯示，最近一、二年來，已大筆投入虛擬網紅操作行銷的大品牌，包括有：

（一）Adidas運動品

（二）麥當勞

（三）三星

（四）MAC美妝

（五）媚比琳美妝

（六）Chanel（香奈兒）

（七）Prada精品

（八）Coach精品

（九）Burberry精品

（十）Hermes精品

（十一）SK-II美妝

（十二）韓國人壽

（十三）Tiffany

（十四）LV精品

（十五）Gucci精品

（十六）Nike運動品

六、虛擬網紅活躍的4大社群平台

根據調查，國外虛擬網紅活躍的4大社群平台，依序是：

第一：YouTube（占28.7%）（最多）

第二：IG（占28.4%）（最多）

第三：TikTok（占20.5%）

第四：FB（占14.6%）

七、至少追蹤過一名虛擬網紅的各年齡層比例

根據調查，美國人至少追蹤過一名虛擬網紅的人，約58%之高，而各年齡層比例，如下：

第一：18～24歲（占75%）（最多）

第二：25～34歲（占67%）（次多）

第三：35～44歲（占67%）（次多）

第四：45～54歲（占51%）

第五：55歲以上（占26%）

八、追蹤虛擬網紅的原因

根據美國調查，美國粉絲追蹤虛擬網紅的原因，依序如下比例：

第一：內容好（占26.6%）

第二：具故事性（占18.6%）

第三：具啟發性（占15.5%）

第四：有音樂（占15.5%）

第五：造型美感（占12.1%）

第六：可即時互動性（占11.8%）

粉絲追蹤虛擬網紅的原因

1.
內容好
（占26%）

2.
具故事性
（占19%）

3.
具啟發性
（占16%）

4.
有音樂
（占15%）

5.
造型美感
（占12%）

6.
可即時互動性
（占12%）

九、總結

　　雖然虛擬網紅在美國、歐洲及韓國已漸走紅，成為品牌行銷操作的項目之一，但這些投入者都是國外大品牌，資金實力雄厚，行銷預算也多；加上，美國在3D技術公司本來就很發達，比較台灣地區，市場規模較小，全球性品牌也很少，3D專業技術公司不是很普及，製作成本很高；所以，台灣的虛擬網紅市場能不能火紅起來，恐怕仍有待時間的觀察，才能做出結論。

國家圖書館出版品預行編目資料

超圖解KOL/KOC網紅行銷/戴國良著. -- 一版.
-- 臺北市 ： 五南圖書出版股份有限公司，
2024.09
　　面；　公分
ISBN 978-626-393-648-5(平裝)
1.CST: 網路行銷 2.CST: 網路社群
496　　　　　　　　　　113011555

1FAS

超圖解KOL／KOC網紅行銷

作　　　者	― 戴國良
企劃主編	― 侯家嵐
責任編輯	― 侯家嵐
文字校對	― 葉瓊瑄
內文排版	― 張巧儒
封面完稿	― 姚孝慈
出 版 者	― 五南圖書出版股份有限公司
發 行 人	― 楊榮川
總 經 理	― 楊士清
總 編 輯	― 楊秀麗

地　　　址： 106台北市大安區和平東路二段339號4樓
電　　　話： （02）2705-5066
傳　　　真： （02）2706-6100
網　　　址： https://www.wunan.com.tw
電子郵件： wunan@wunan.com.tw
劃撥帳號： 01068953
戶　　　名： 五南圖書出版股份有限公司

法律顧問： 林勝安律師

出版日期： 2024年9月初版一刷
定　　　價： 新臺幣350元

經典永恆・名著常在

五十週年的獻禮——經典名著文庫

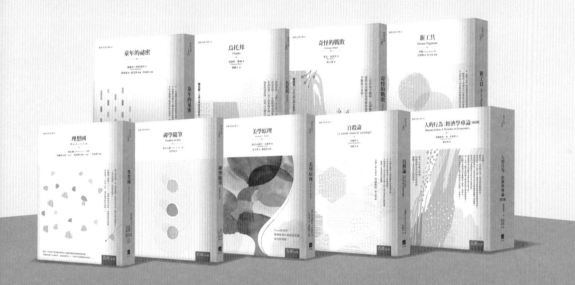

五南，五十年了，半個世紀，人生旅程的一大半，走過來了。

思索著，邁向百年的未來歷程，能為知識界、文化學術界作些什麼？

在速食文化的生態下，有什麼值得讓人雋永品味的？

歷代經典・當今名著，經過時間的洗禮，千錘百鍊，流傳至今，光芒耀人；

不僅使我們能領悟前人的智慧，同時也增深加廣我們思考的深度與視野。

我們決心投入巨資，有計畫的系統梳選，成立「經典名著文庫」，

希望收入古今中外思想性的、充滿睿智與獨見的經典、名著。

這是一項理想性的、永續性的巨大出版工程。

不在意讀者的眾寡，只考慮它的學術價值，力求完整展現先哲思想的軌跡；

為知識界開啟一片智慧之窗，營造一座百花綻放的世界文明公園，

任君遨遊、取菁吸蜜、嘉惠學子！